JN051060

基 本 単 位

長　さ	メートル	m	熱力学温度	ケルビン	K
質　量	キログラム	kg	物 質 量	モ　ル	mol
時　間	秒	s			
電　流	アンペア	A	光　度	カンデラ	cd

SI 接 頭 語

10^{24}	ヨ　タ	Y	10^{3}	キ　ロ	k	10^{-9}	ナ　ノ	n
10^{21}	ゼ　タ	Z	10^{2}	ヘクト	h	10^{-12}	ピ　コ	p
10^{18}	エクサ	E	10^{1}	デ　カ	da	10^{-15}	フェムト	f
10^{15}	ペ　タ	P	10^{-1}	デ　シ	d	10^{-18}	ア　ト	a
10^{12}	テ　ラ	T	10^{-2}	センチ	c	10^{-21}	ゼプト	z
10^{9}	ギ　ガ	G	10^{-3}	ミ　リ	m	10^{-24}	ヨクト	y
10^{6}	メ　ガ	M	10^{-6}	マイクロ	μ			

〔…ルギ | 仕事率 …〕

…ルギ	仕事率
J	W
…rg	erg/s
…f・m	kgf・m/s

算例：　1 N＝1/9.806 65 kgf〕

量	SI 単位の名称	記号	SI 以外 単位の名称	記号	SI単位からの換算率
…ルギ，熱 仕事およ …ンタルピ	ジュール （ニュートンメートル）	J (N・m)	エルグ カロリ（国際） 重量キログラムメートル キロワット時 仏馬力時 電子ボルト	erg cal$_{IT}$ kgf・m kW・h PS・h eV	10^{7} 1/4.186 8 1/9.806 65 $1/(3.6 \times 10^{6})$ $\approx 3.776\,72 \times 10^{-7}$ $\approx 6.241\,46 \times 10^{18}$
…，仕事率， …および放	ワット （ジュール毎秒）	W (J/s)	重量キログラムメートル毎秒 キロカロリ毎時 仏馬力	kgf・m/s kcal/h PS	1/9.806 65 1/1.163 $\approx 1/735.498\,8$
…，粘性係	パスカル秒	Pa・s	ポアズ 重量キログラム秒毎平方メートル	P kgf・s/m²	10 1/9.806 65
…度，動粘 …数	平方メートル毎秒	m²/s	ストークス	St	10^{4}
…，温度差	ケルビン	K	セルシウス度，度	℃	〔注(1)参照〕
…，起磁力	アンペア	A			
…，電気量	クーロン	C	（アンペア秒）	(A・s)	1
…，起電力	ボルト	V	（ワット毎アンペア）	(W/A)	1
…の強さ	ボルト毎メートル	V/m			
…容量	ファラド	F	（クーロン毎ボルト）	(C/V)	1
…の強さ	アンペア毎メートル	A/m	エルステッド	Oe	$4\pi/10^{3}$
…密度	テスラ	T	ガウス ガンマ	Gs γ	10^{4} 10^{9}
…束	ウェーバ	Wb	マクスウェル	Mx	10^{8}
…抵抗	オーム	Ω	（ボルト毎アンペア）	(V/A)	1
…ダクタンス	ジーメンス	S	（アンペア毎ボルト）	(A/V)	1
…ダクタンス	ヘンリー	H	ウェーバ毎アンペア	(Wb/A)	1
…束	ルーメン	lm	（カンデラステラジアン）	(cd・sr)	1
…度	カンデラ毎平方メートル	cd/m²	スチルブ	sb	10^{-4}
…度	ルクス	lx	フォト	ph	10^{-4}
…能	ベクレル	Bq	キュリー	Ci	$1/(3.7 \times 10^{10})$
…線量	クーロン毎キログラム	C/kg	レントゲン	R	$1/(2.58 \times 10^{-4})$
…線量	グレイ	Gy	ラド	rd	10^{2}

(1)　T K から θ ℃への温度の換算は，$\theta = T - 273.15$ とするが，温度差の場合には $\Delta T = \Delta \theta$ である．ただし，ΔT および $\Delta \theta$ はそれぞれケルビンおよびセルシウス度で測った温度差を表す．

(2)　丸括弧内に記した単位の名称および記号は，その上あるいは左に記した単位の定義を表す．

■ JSMEテキストシリーズ

演習
Problems in

熱力学

Thermodynamics

日本機械学会

序

　「JSME テキストシリーズ」は，大学学部学生のための機械工学への入門から必須科目の修得までに焦点を当て，機械工学の標準的内容をもち，かつ技術者認定制度に対応する教科書の発行を目的に企画されました．

　日本機械学会が直接編集する直営出版の形での教科書の発行は，1988 年の出版事業部会の規程改正により出版が可能になってからも，機械工学の各分野を横断した体系的なものとしての出版には至りませんでした．これは多数の類書が存在することや，本会発行のものとしては機械工学便覧，機械実用便覧などが機械系学科において教科書・副読本として代用されていることが原因であったと思われます．しかし，社会のグローバル化にともなう技術者認証システムの重要性が指摘され，そのための国際標準への対応，あるいは大学学部生への専門教育への動機付けの必要性など，学部教育を取り巻く環境の急速な変化に対応して各大学における教育内容の改革が実施され，そのための教科書が求められるようになってきました．

　そのような背景の下に，本シリーズは以下の事項を考慮して企画されました．
① 日本機械学会として大学における機械工学教育の標準を示すための教科書とする．
② 機械工学教育のための導入部から機械工学における必須科目まで連続的に学べるように配慮し，大学学部学生の基礎学力の向上に資する．
③ 国際標準の技術者教育認定制度〔日本技術者教育認定機構(JABEE)〕，技術者認証制度〔米国の工学基礎能力検定試験(FE)，技術士一次試験など〕への対応を考慮するとともに，技術英語を各テキストに導入する．

　さらに，編集・執筆にあたっては，
① 比較的多くの執筆者の合議制による企画・執筆の採用，
② 各分野の総力を結集した，可能な限り良質で低価格の出版，
③ ページの片側への図・表の配置および 2 色刷りの採用による見やすさの向上，
④ アメリカの FE 試験（工学基礎能力検定試験(Fundamentals of Engineering Examination)）問題集を参考に英語による問題を採用，
⑤ 分野別のテキストとともに内容理解を深めるための演習書の出版，
により，上記事項を実現するようにしました．

　本出版分科会として特に注意したことは，編集・校正には万全を尽くし，学会ならではの良質の出版物になるように心がけたことです．具体的には，各分野別出版分科会および執筆者グループを全て集団体制とし，複数人による合議・チェックを実施し，さらにその分野における経験豊富な総合校閲者による最終チェックを行っています．

　本シリーズの発行は，関係者一同の献身的な努力によって実現されました．　出版を検討いただいた出版

事業部会・編修理事の方々，出版分科会を構成されました委員の方々，分野別の出版の企画・進行および最終版下作成にあたられた分野別出版分科会委員の方々，とりわけ教科書としての性格上短時間で詳細な形式に合わせた原稿の作成までご協力をお願いいただきました執筆者の方々に改めて深甚なる謝意を表します．また，熱心に出版業務を担当された本会出版グループの関係者各位にお礼申し上げます．

　本シリーズが機械系学生の基礎学力向上に役立ち，また多くの大学での講義に採用され技術者教育に貢献できれば，関係者一同の喜びとするところであります．

2002 年 6 月

日本機械学会

JSME テキストシリーズ出版分科会

主　査　宇　高　義　郎

「演習　熱力学」　刊行にあたって

　熱力学は，自然界の物理現象を記述する基礎科学の 1 つとして重要であるばかりでなく，機械工学を学ぶ学生にとっても必須です．本書は，既刊のテキストシリーズ「熱力学」に引き続いて発刊されたものです．機械工学を学んで将来技術者や研究者となる学生を対象に例題や練習問題を多く取り入れて執筆されました．そのため，できる限り分かりやすい図表や機械の模式図などを多用しましたが，紙面の都合で説明が必ずしも充分でない場合もあります．その際には既刊の「熱力学」を参照いただけると幸いです．

　今まで機械工学の熱力学ではあまり触れられなかった熱の分子運動論的理解や熱力学第 2 法則の詳しい説明，化学反応や燃焼の導入，実用機器に即した記述，英語の練習問題など，新たな試みも多く取り入れました．このため，執筆者間でたびたび議論して内容の調整を行いました．さらに，執筆原稿は，総合校閲者に内容のチェックをお願いしたほかに，熱工学の著名な研究者にもコメントを頂き，その結果を反映しております．さらに，数名の大学院生や学部生にも問題の解答チェックおよび理解しにくい表現などの指摘をお願いしました。

　また，出版後に判明した誤植等を http://www.jsme.or.jp/txt-errata.htm に掲載し，読者へのサービス向上にも努めております．本書の内容でお気づきの点がありましたら textseries@jsme.or.jp にご一報ください．

　執筆には，著者間で頻繁に議論して内容の調整を行いました．執筆原稿は，総合校閲者に内容のチェックをお願いしたほかに，多くの著名な熱工学の研究者に原稿を配布しコメントを頂いた結果を反映しております．執筆者の方々には，多忙なスケジュールを縫って膨大な労力と時間を執筆ならびに度々開催された著者会議に費やしていただきました．執筆者の研究室をはじめ，本書の作成や校正に携わってくださった方々に深く感謝の意を表します．

2012 年 10 月
JSME テキストシリーズ出版分科会
演習熱力学テキスト
主査　花村克悟

———————— 熱力学　執筆者・出版分科会委員 ————————

執筆者	井上剛良	（東京工業大学）	第 2 章
執筆者	川那辺洋	（京都大学）	第 8 章
執筆者	小林秀昭	（東北大学）	第 3 章
執筆者	塩路昌宏	（京都大学）	第 8 章
執筆者	中別府修	（明治大学）	第 6 章
執筆者	長坂雄次	（慶應義塾大学）	第 4 章，第 5 章
執筆者・委員	花村克悟	（東京工業大学）	第 1 章，第 2 章，索引
執筆者	飛原英治	（東京大学）	第 9 章，第 10 章
執筆者	平井秀一郎	（東京工業大学）	第 7 章
執筆者	伏信一慶	（東京工業大学）	第 3 章
執筆者	湯上　浩雄	（東北大学）	第 3 章
総合校閲者	長島　昭	（中部大学）	

目　次

第1章

概 論

Introduction

1・1 熱力学とは (what is thermodynamics?)

熱力学(thermodynamics)は，熱(heat)から機械的な仕事(work)へ変換する試みを表現したものであり，その語源はギリシャ語の therme(熱)と dynamis(能力)に基づいているとされている．現在では，例えば図 1.1 に示すように，水蒸気（気相），水（液相），氷（固相）といった状態の温度や圧力などの関係式を与え，さらにあらゆる種類のエネルギー(energy)とそれらの間の変換過程を関係づけるものとして定着している．このとき，熱エネルギーから機械的仕事への連続的な変換過程においても，系内は常に一様温度，一様圧力といった熱的にも力学的にも平衡 (equilibrium)な状態が成り立ちながら変換されるものとする．例えば，図 1.2 に示すように，シリンダー内に封入された高温高圧ガス（図 1.2(a)膨張前）がピストンとともに膨張し，ピストンを介して外部に仕事を取り出す場合においても，図 1.2(c)のようなシリンダー内での非一様な温度分布や圧力分布が生ずることなく，図 1.2(b)のように常に一様であるとして論理を組み立てている．この考え方は高速で回転するピストン－シリンダー機構のガソリンエンジン(gasoline engine)においても部分的には十分に適応することができる．さらに，熱力学は，こうしたピストン－シリンダー機構だけではなく，燃料電池(fuel cell)など化学エネルギー(chemical energy)から電気的そして機械的な仕事に直接変換する際にも適用される．このとき，あらゆるエネルギー変換システムにおいて，熱力学はその理想的な系において変換できる最大値を与える．したがって，それらの比較が容易となる．また，化学反応(chemical reaction)において，熱力学は生成ガス中の化学種の成分割合が温度によって決定されるなど，理想系における化学反応を理解するうえで大きな役割を果たす．このように，熱力学は，エネルギー変換過程や化学反応過程など現象の生ずる方向やその理想的な最大値などを，構成される熱力学第0法則，熱力学第1法則，熱力学第2法則(the zeroth, the first and the second laws of thermodynamics)により，極めてシンプルに説明するものである．

1・2 本書の使用法 (how to use this book)

本書は JSME テキストシリーズ「熱力学」[1]の演習書として編集され，全 10 章で構成されている．各節の簡単な説明と例題により熱力学に関する実践的な理解を深め，必要に応じて章末問題を解いてさらに理解を深める形態をとっている．現象をより詳しく理解するためには本シリーズ「熱力学」を勉強してほしい．

　まず本章では熱力学の概要に触れ，特に，熱力学第0法則，熱力学第1法則，熱力学第2法則に関わる第2章，第3章，第4章，第5章の問題に重点的に取り組んでほしい．また，第6章，第7章，第8章，第9章，第10章については熱力学第1法則や熱力学第2法則の応用としてこれらの章の例題や練習問題を解くことをお

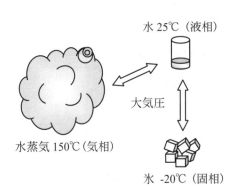

図 1.1　水蒸気（気相）、水（液相）、氷（固相）の間の関係は？

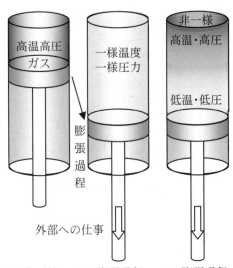

(a) 膨張前　(b) 膨張過程（温度・圧力ともに一様）　(c) 膨張過程（温度・圧力ともに非一様）

図 1.2　ピストン－シリンダー機構による高温高圧ガスから力学エネルギーへの変換過程

勧めする。このように必ずしも全ての章の問題を解く必要はないものの，後半の章における練習問題は，熱力学の実践問題として重要なものも含まれているので，参考にしてほしい．

1・3　熱力学の基本法則の概要 (basic concepts of thermodynamics)

熱力学には，熱力学第 0 法則，熱力学第 1 法則，熱力学第 2 法則，熱力学第 3 法則 (the zeroth, the first, the second and the third laws of thermodynamics)がある．

　　熱力学第 0 法則は，例えば図 1.3 に示されるように，2 つの物体（図 1.3 では銅塊と鉄塊）が，それぞれ第 3 の物体（図 1.3 ではアルミ棒）と，エネルギー移動が無い熱平衡(thermal equilibrium)にある場合，この 2 つの銅塊と鉄塊も熱平衡の状態にあることを述べている．これはすなわち温度測定に関する基本法則である．一方，図 1.3 において銅塊の温度が高く，アルミ棒の温度が低い場合には，周囲への熱損失(heat loss)が無いとすると，銅塊の温度は低下し，アルミ棒の温度は上昇する．そして充分時間が経過した後には，同じ温度となり上述の熱平衡状態となる．ここで，熱力学は，充分時間が経過した後の状態を議論するものであり，温度や圧力などの時間変化を議論するものではないことに注意する．平衡温度に達するまでにどの程度の時間を要するか，を議論するには本シリーズ「伝熱工学」[2]あるいは「演習　伝熱工学」[3]に詳しく記述されているので参考にして欲しい．

　　熱力学第 1 法則は，エネルギー保存則(energy conservation)を表現している．例えば，図 1.3 において銅塊の温度が高く，アルミ棒の温度が低いとすると，それらが接触し，充分時間が経過した熱平衡状態に達するまでに銅塊が失う熱エネルギー量とそのときアルミ棒が得る熱エネルギー量は等しくなる．このような熱といった同種のエネルギー間の保存のみではなく，熱から仕事へ，あるいは仕事から熱へ，さらに振り子のように位置エネルギー(potential energy)と運動エネルギー(kinetic energy)の変換，といったようにエネルギーの形が変わるものの，その全体の量が変化の前後において保存されることを述べている．

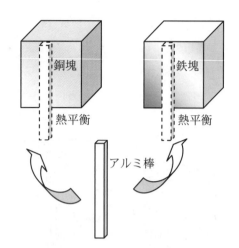

図 1.3　アルミ棒（温度一定）と銅が熱平衡にあり，アルミ棒と鉄が同じく熱平衡にある場合，銅と鉄は熱平衡にある（熱力学第 0 法則より）

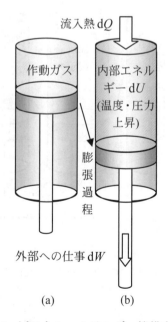

図 1.4　ピストン－シリンダー機構内部への熱入力 dQ は作動ガスの内部エネルギー dU 上昇とともに外部への仕事 dW に変換される（熱力学第 1 法則より）

【例 1.1】"エネルギー消費を抑える"といった表現は，熱力学第 1 法則であるエネルギー保存則から考えて正しいものか考察せよ．

【解 1.1】熱力学第 1 法則であるエネルギー保存則からすると，エネルギーは形を変えるのみであり，それを利用するにあたって"消費"のように消えて無くなるものではない．例えば照明においては，照明機器により電気エネルギーが光と熱のエネルギーに変換され，その光のほんの 1 部が視神経を介して"明るい"といった役割を果たすものの，やがて全てのエネルギーは周囲環境へと形を変えて（多くは熱エネルギーとして）排出される．したがって，"エネルギー利用量を抑える"，あるいはエネルギーの形態が指定された"電気エネルギー消費を抑える"といった表現のほうがより厳密といえる．

　　熱から仕事への変換は，図 1.4 に示すようなピストン－シリンダー機構を用いることが考察を最も容易にする．すなわち，外部から流入した熱エネルギー dQ (J)は，ピストンが動かない場合には容積一定のまま作動ガスの温度上昇と圧力上昇を生

じ，すなわち作動ガスが保有するエネルギーである内部エネルギー(internal energy) dU (J) のみが増大することになる．これと同時にピストンが動く場合には，熱エネルギーは，内部エネルギー dU と外部への仕事 dW (J) に変換される．したがって，次のようなエネルギー保存則が成立つ．

$$dQ = dU + dW \tag{1.1}$$

これが閉じた系(closed system)における熱力学第1法則を数式として記述したものである．

【例 1.2】図1.4において，作動ガスの圧力を $P(\mathrm{Pa} = \mathrm{N/m}^2)$ とすると外部への仕事は，シリンダー容積 $V(\mathrm{m}^3)$ を用いてどのように表現できるか．また，作動ガス温度を一定とすると，熱力学第1法則（式(1.1)）はどのように記述できるか．そのとき，熱エネルギーから仕事へ変換できる割合はいくらになるか．

【解 1.2】作動ガスの圧力を $P(\mathrm{Pa} = \mathrm{N/m}^2)$ とし，ピストンの断面積を $A(\mathrm{m}^2)$，ピストンの移動距離を $dx(\mathrm{m})$ すると，外部への仕事 dW (J) は以下のように記述される．

$$dW = PAdx(\mathrm{Pa \cdot m^2 \cdot m}) = PdV(\mathrm{Pa \cdot m^3}) \tag{1.2}$$

$$（ここで，\quad 1\,\mathrm{Pa \cdot m^3} = 1\,(\mathrm{N/m^2}) \cdot \mathrm{m^3} = 1\,\mathrm{N \cdot m} = 1\,\mathrm{J}，である．）$$

ここで，$dV(\mathrm{m}^3)$ はピストンの移動によるシリンダー容積の変化量である．

　内部エネルギーの変化量は，理想気体 (ideal gas) において，容積一定あるいは圧力一定の条件では，絶対温度(absolute temperature)の変化量 dT (K) に比例する．

$$dU = mC_v dT \quad （容積一定の場合） \tag{1.3}$$

$$dH = mC_p dT \quad （圧力一定の場合） \tag{1.4}$$

ここで，m (kg) はシリンダー内に封入されたガスの質量，C_v $(\mathrm{J/(kg \cdot K)})$ および C_p $(\mathrm{J/(kg \cdot K)})$ は，それぞれ定容比熱(specific heat at constant volume)および定圧比熱(specific heat at constant pressure)である．

　したがって，温度一定の条件において，内部エネルギーの変化量はゼロとなることから，熱力学第1法則は以下のように記述できる．

$$dQ = dW = PdV \tag{1.5}$$

すなわち，ピストン－シリンダー機構に流入した熱エネルギーが全て外部への仕事に変換されることになる．

　この結果と，次の熱力学第2法則を含めた結果【例 1.3】と比較して欲しい．

　熱力学第2法則は，エネルギー保存則（熱力学第1法則）を満たすとともに，温度の高いところから低いところへ向かってのみ熱の移動が生じるといった，熱力学の中で生ずる現象にはある一定の方向性があることを示している．例えば，図1.3において，たとえ失う熱エネルギーと得る熱エネルギーが等しくなるとしても，銅塊温度がさらに上昇し，アルミ棒温度がさらに低下することにはならない．熱力学第2法則を理解する際の戸惑いは，数式にはできないこの経験則を受入れるところに起因している．何故，自然界において熱は温度の高いとこから低いところへのみ輸送されるか，を証明することはできない．さらに，熱力学第2法則では，1つの熱源を使って，そこから流入する熱を"継続的に"完全に仕事に変換することはで

きない，あるいはそうした装置は実現不可能（第 1 種永久機関の否定）であるとしている．わかりにくい表現であるが，次の例題のような思考実験を考えてみる．

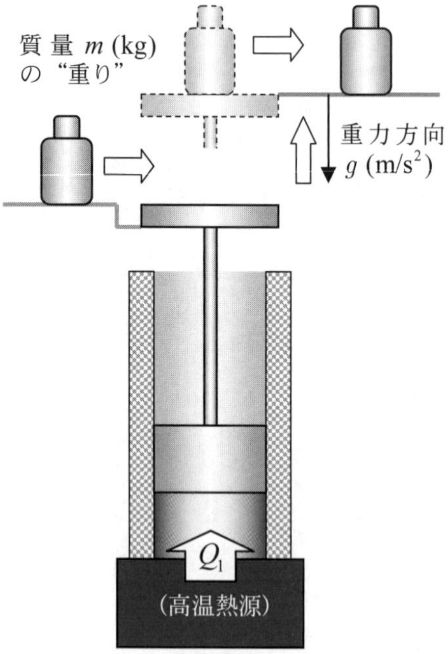

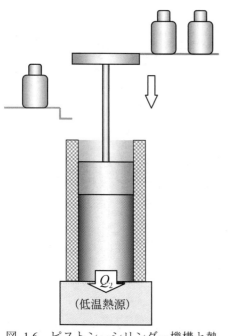

質量 m (kg)
の"重り"

重力方向
g (m/s^2)

Q_1

（高温熱源）

図 1.5　ピストン－シリンダー機構と熱
　　　源による仕事

Q_2

（低温熱源）

図 1.6　ピストン－シリンダー機構と熱
　　　源による仕事

【例 1.3】図 1.5 に示すように，作動ガスが封入されたピストン－シリンダー機構と熱源を用いて，質量 m (kg) の多くの"重り"を"継続的に"低い棚から高い棚へ移動させるものとする．ピストンの移動範囲はストッパーにより制約されている．どのような操作をすればいか．単一の高温熱源から流入する熱量 Q_1 (J) のみにより動作可能であるか検討せよ．さらに，【例 1.2】の結果と何が異なるかを検討せよ．

【解 1.3】まず"重り"を 1 個載せて，高温熱源によりシリンダー内のガス温度を上昇させることで，圧力 P も上昇し，$mg \leq PA$（A はピストン断面積）といった条件を満たすならば"重り"を高い棚へ移動させることができる．
　次に，図 1.6 に示すように"重り"を取り除いた後，軽くなったピストンを元の位置に戻すためには，2 つの選択肢がある．1 つは，もう一度少なくとも同じかそれより重い"重り"を載せることである．このとき元の位置に戻るが，せっかく運び上げた"重り"も元の位置に戻るため，これでは仕事にならない．もう 1 つは，"重り"を持ち上げたときのシリンダー内の温度より低い低温熱源を利用してシリンダー内部の温度を下げることである．つまり，高温熱源により"重り"を持ち上げた後，低温熱源へ熱を捨てることによってのみ，ピストンを元の位置に戻すことができる．
　言い換えれば，周期的に（継続的に）仕事を行うためには，必ず 2 つの熱源（高温熱源と低温熱源）が必要であり，また必ず熱を低温熱源に捨てなければならない．つまり，高温熱源のみでは操作することができず，この捨て去る熱量 Q_2 を必要とすることが，経験則ではあるものの熱力学第 2 法則の理解の一助となる．この周期的な動作を熱力学では，サイクル(cycle)として扱っている．
　したがって，仕事を"継続的"に行おうとする熱力学第 2 法則においては，$Q_1 - Q_2$ が仕事に変換できるエネルギーであり，与えた熱量 Q_1 を全て仕事に変換することは不可能である．一方，【例 1.2】においては，"継続的"が含まれておらず，いうなれば 1 回の操作におけるエネルギー変換であり，無限長さのシリンダーが必要となるばかりか，シリンダー内部に高温ガスが蓄積され続けることになり，"継続的"に仕事を行うことは不可能である．
【発展問題】このサイクルを逆方向に操作することにより，外部から仕事を与える（"重り"を高い位置から低い位置に移動させる）ことによってのみ，シリンダー内のガス温度を高温熱源の温度より高くすることができる．つまり，外部から仕事を与えることにより，低温から高温への熱の移動が可能となる．この操作方法を考察して欲しい．（これを言い換えると，"外部から仕事を与えない限り，低温から高温へ熱を移動させることはできない"，といった表現となる．そうでなければ，つまり，自然界では，熱は高温から低温へ向かって移動する，ことになる．

　熱力学第 2 法則において議論される周期的に仕事を行うサイクルの考え方は，上

記のようなピストンーシリンダー機構の議論に留まらず，自然界において起こりうる全ての現象の進む方向を左右するところまで展開される．それは，われわれを構成する細胞においてもエネルギーを取り込み，エネルギーを捨てることによって仕事を発生させるサイクルが構築されていることに他ならないからである．

　この自然界の物理現象が進む方向は，熱力学第2法則により導入された**エントロピー**(entropy)といった物理量の値が増大する方向，として定義されている．本テキスト第4章において後述されるが，このエントロピー S (J/K) は以下のように記述される．

$$dS = \frac{dQ}{T} \text{ (J/K)} \tag{1.6}$$

なお，絶対零度 (0 K) においてはエントロピーがゼロとする熱力学第3法則を利用することにより，エントロピー，反応熱，ギブスの自由エネルギー，化学平衡定数の絶対値を求めることが出来る．

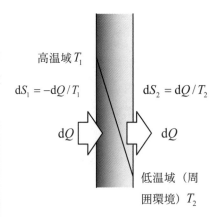

図 1.7　熱伝導により熱が移動する場合のエントロピーの増大

【例 1.4】図 1.7 に示すように，**熱伝導**(thermal conduction)により熱が，例えば室内の高温域から周囲の環境である低温域へ移動する場合，エントロピーが増大することを示せ．ここで，定常状態においては，平板内の温度分布は直線状であり，単位面積当たり通過する熱量はいずれの断面においても一定である．

【解 1.4】定常状態おいては，単位面積当たりに通過する熱量はどの断面でも同じであることから，その熱量を dQ とする．左側の高温域から熱量 dQ が温度 T_1 において流出しているので，エントロピーの変化量は，$dS_1 = -dQ/T_1$ と記述できる．一方，右面では，熱量 dQ が温度 T_2 の条件により周囲環境へ流入しているので，エントロピー変化は，$dS_2 = dQ/T_2$ と記述できる．ここで熱が流入する際を正に，流出する際を負と定義している．これらの和が，全体のエントロピーの変化量であるから，$dS = dS_1 + dS_2 = dQ(-1/T_1 + 1/T_2)$ と記述できる．ここで，$T_1 > T_2$ であるから，必ず dS は増大することになる．すなわち，自然界の中で高温から低温へ向かって熱が流れる際には常にエントロピーが増大することになる．逆に考えると，温度差の小さな条件において図 1.7 と同じ熱量を移動させることが出来れば，エントロピーの増大は小さく抑えられることも理解できる．

　このように，自然界の物理現象がエントロピー増大の方向に進むことや，**ギブスの自由エネルギー**(Gibbs free energy)が減少する方向に化学反応が進むなど，熱力学により定義された物理量の変化により，その進む方向が理解できる．したがって，熱力学を学ぶことは，先進エンジンシステム，**改質**(reforming)による水素製造，さらに**燃料電池**(fuel cell)といった先進科学技術を理解するうえでも重要となる．

第 1 章の文献

(1)　JSME テキストシリーズ，熱力学，日本機械学会編．

(2)　JSME テキストシリーズ，伝熱工学，日本機械学会編．

(3)　JSME テキストシリーズ，演習 伝熱工学，日本機械学会編．

第 2 章

基本概念と熱力学第 0 法則
Basic Concepts and the Zeroth Law of Thermodynamics

2・1 系・物質・エネルギー (system, matter and energy)

熱力学において温度，圧力，分子数といった物理量を論じる場合，外界もしくは周囲(surroundings)から境界(boundary)で隔てた検査体積(control volume)内部の物質あるいは領域を系(system)という．

【例 2.1】身近で定義できる系の例を挙げよ．

【解 2.1】例えば，図 2.1(a)のシリンダー内部，冷蔵庫室内など物理的な固体壁の境界、また図 2.1(b)のように流体が出入りする仮想的な境界によって隔てることができる全ての物質と空間により系が定義できる．

このとき境界を通して物質の流入や流出がない系が，閉じた系(closed system)（図 2.1(a)）である．これに対して物質の流入や流出が可能な系が，開いた系(open system)（図 2.1(b)）である．どちらの系もエネルギーの流入や流出は可能である．系と周囲との間に物質の交換もエネルギーの交換もない系が孤立系(isolated system)である．

閉じた系内の質量は保存される(conserved)が，多くの場合，その検査体積は変化する．開いた系は，検査体積が変化せず，系内の物質の流入と流出が等しいとする．これが定常流動系(steady flow system)である．

【例 2.2】ガソリン機関は閉じた系，開いた系のいずれか．

【解 2.2】大気より空気（作動ガス）を吸気し，燃焼ガスを排気しているので開いた系である．（これに対し，例えばランキンサイクル（第 8 章）においては，外界と水や水蒸気の出入りは無く，閉じた系である．）

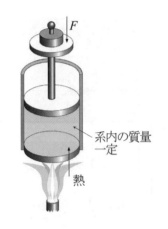

(a) 閉じた系

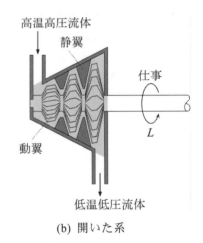

(b) 開いた系

図2.1　周囲と境界で隔てられた系の例

全体の質量 m (kg) の系全体が同じ速度 w (m/s) で並進運動するとき，系の保有する運動エネルギー(kinetic energy)は，以下の式(2.1)により記述される．

$$E_K = \frac{mw^2}{2} \quad (J) \tag{2.1}$$

加速度 g (m/s^2) の重力場に置かれた質量 m (kg) の物体が基準位置から高さ z (m) に置かれているときのポテンシャルエネルギー(potential energy)は，

$$E_P = mgz \quad (J) \tag{2.2}$$

である．その他，電磁気エネルギー(electromagnetic energy)・化学エネルギー(chemical energy)・核エネルギー(nuclear energy)などのエネルギー形態がある．

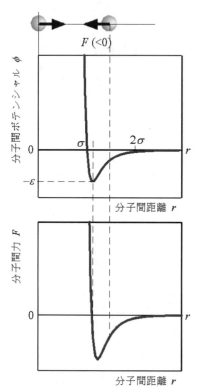

$$\phi(r) = 4\varepsilon\left\{\left(\frac{\sigma}{r}\right)^{12} - \left(\frac{\sigma}{r}\right)^{6}\right\}$$

$$F = -\frac{\partial\phi(r)}{\partial r}$$

(Ar: $\sigma = 0.3418$ nm, $\varepsilon/k = 124$ K)

図 2.2　分子間ポテンシャルと
　　　　分子間力

【例 2.3】運動エネルギーや位置エネルギーの単位が J（ジュール）であることを示せ.

【解 2.3】以下のように単位の換算ができ，J（ジュール）となる.

$$E_K = \frac{mw^2}{2} \Rightarrow \mathrm{kg}\left(\frac{\mathrm{m}}{\mathrm{s}}\right)^2 = \mathrm{kg}\left(\frac{\mathrm{m}}{\mathrm{s}^2}\right)\mathrm{m} = \mathrm{N\cdot m} = \mathrm{J}$$

$$E_P = mgz \Rightarrow \mathrm{kg}\left(\frac{\mathrm{m}}{\mathrm{s}^2}\right)\mathrm{m} = \mathrm{N\cdot m} = \mathrm{J}$$

2・2　熱力学の微視的理解 (microscopic understanding of thermodynamics) ＊

気体や液体，固体の性質を，それらを構成している分子の運動から説明する理論が分子運動論(kinetic theory)である.

　N 個の単原子分子（質量 m_i[kg]）で構成される系の全エネルギーは，下記の式(2.3)第 1 項の系全体が運動するときの巨視的エネルギーと第 2 項の粒子の微視的エネルギー（内部エネルギー）の和で表される.

$$E_K = \frac{1}{2}V^2\sum_{i=1}^{N}m_i + \sum_{i=1}^{N}\frac{1}{2}m_i v_i'^2 \tag{2.3}$$

ここで，V は重心速度であり、v_i' は各粒子の相対速度である.

　分子間に働く，電磁気的な引力や斥力を分子間力(intermolecular force)，またそれをポテンシャルの形で表したものを分子間ポテンシャル(intermolecular potential)という. このように分子間で影響を及ぼしあうことを分子間相互作用(interaction between molecules)という. 図 2.2 に 2 つの単原子分子間に働く分子間ポテンシャル（Lennard-Jones ポテンシャル)を示す. 分子間距離が大きい場合には分子間には引力が作用し，分子同士が接近すると斥力が作用する.

【例 2.4】0.4 nm 離れている 2 つの Ar 分子間（液体状態に近い）に働く力（電磁気的な力）を求めよ. またこの 2 分子間に働く万有引力を求めよ. 2 分子間の距離が 4 nm となった場合（気体状態に近い）の分子間力を求めよ. ただし，Ar の分子量は 39.948 とする.

【解 2.4】2 つの Ar 分子間に働く分子間力（電磁気的な力）は，

$$F = -\frac{\partial\phi(r)}{\partial r} = 24\frac{\varepsilon}{\sigma}\left[2\left(\frac{\sigma}{r}\right)^{13} - \left(\frac{\sigma}{r}\right)^{7}\right] \tag{2.4}$$

となる. この式に $r = 0.4$ nm, $\sigma = 0.3418$ nm, $\varepsilon = 124k = 124\times1.381\times10^{-23}$ J を代入することにより，$F(r=0.4\mathrm{nm}) = -8.86\times10^{-12}$ N と求まる. 一方，万有引力は，

$$F_G = -\frac{G\cdot m_{\mathrm{Ar}}\cdot m_{\mathrm{Ar}}}{r^2} \quad (G = 6.673\times10^{-11}\ \mathrm{Nm^2/kg^2}), \tag{2.5}$$

Ar 分子 1 個の質量は，

$$m_{Ar} = \frac{39.948 \times 10^{-3}}{N_A} = \frac{39.948 \times 10^{-3}}{6.022 \times 10^{23}} = 6.63 \times 10^{-26}\,\text{kg},$$

よって，

$$F_G = -\frac{6.673 \times 10^{-11} \times 6.634 \times 10^{-26} \times 6.63 \times 10^{-26}}{0.4 \times 10^{-9} \times 0.4 \times 10^{-9}} = -1.84 \times 10^{-42}\,\text{N}.$$

同様にして，$F(r = 4\text{nm}) = -4.00 \times 10^{-18}\,\text{N}$ となる．以上により，分子間に働く引力は電磁気的力と比べて無視できることがわかる．

　同様に，N 個の単原子気体分子が，1 辺の長さ L の立方体容器中の封入されている場合，壁に働く等方的な圧力 p は，

$$p = p_x = p_y = p_z = \frac{Nm\overline{V}^2}{3L^3} = \frac{Nm\overline{V}^2}{3V} = \frac{2}{3V}Ne_k = \frac{2}{3V}nN_A e_k \tag{2.6}$$

となる．ここで，$V = L^3$ は容器の体積，二乗平均速度(mean square velocity)と分子 1 個あたりの運動エネルギーは次式(2.7)，(2.8)により求められる．

$$\overline{V}^2 = \frac{1}{N}\sum_{i=1}^{N} V_i^2, \quad e_k = \frac{1}{2}m\overline{V}^2, \tag{2.7}, (2.8)$$

アボガドロ数(Avogadro's number) N_A（$N_A = N/n$，n はモル数）を用いた．
　いま，分子 1 個あたりの運動エネルギーの平均が温度 T に比例すると仮定し，次の式(2.9)で与えられるとすると，

$$e_k = \frac{3}{2}kT, \tag{2.9}$$

式(2.6)は，次のように書き直すことができる．

$$pV = \frac{2}{3}nN_A\frac{3}{2}kT = nN_A kT = nR_0 T = nMRT \tag{2.10}$$

ここで，M は気体の分子量である．ここで用いられた R_0 は一般気体定数(universal gas constant)であり，気体の種類に関係なく 8.314 J/(mol·K)である．一方，$R = R_0/M$ (J/(kg·K))は，気体定数(gas constant)である．また $k = R_0/N_A$ はボルツマン定数(Boltzmann's constant)である．

【例 2.5】300K における Ar 分子および He 分子の平均並進速度を求めよ．ただし，Ar，He の分子量はそれぞれ 39.948，4.003 とする．

【解 2.5】単原子分子 1 個あたりの運動エネルギーは

$$e_k = \frac{1}{2}m\overline{V}^2 = \frac{3}{2}kT \quad であるので，平均並進速度は$$

$$\sqrt{\overline{V}^2} = \sqrt{3kT/m} \quad で求められる．$$

Ar 分子の質量は【例 2.4】より 6.63×10^{-26} kg である．同様にして，He 分子 1 個の質量は 6.647×10^{-27} kg となる．これらを上式に代入することにより，それぞれ 432.8 m/s，1367.4 m/s と求まる．
　比熱一定の理想気体の音速 c は $c = \sqrt{\kappa RT}$ であり，300K における Ar

表2.1　温度の換算

$$t\ (^{\circ}\mathrm{C}) = T\ (\mathrm{K}) - 273.15$$
$$t_F\ (^{\circ}\mathrm{F}) = 1.8\,t\ (^{\circ}\mathrm{C}) + 32$$
$$t_F\ (^{\circ}\mathrm{F}) = T_F\ (^{\circ}\mathrm{R}) - 459.67$$
$$T_F\ (^{\circ}\mathrm{R}) = 1.8\,T\ (\mathrm{K})$$

1kg の水を，1 度上昇させるには？

$Q = c\,\Delta T$ の熱量が必要．ここで，c (kJ/(kg·K)) は比熱である．

図 2.3　水の温度上昇に必要な熱量

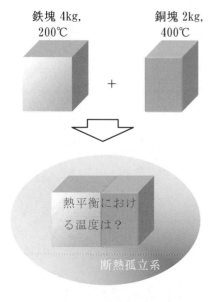

鉄塊 4kg, 200℃　　　銅塊 2kg, 400℃

＋

熱平衡における温度は？

断熱孤立系

図 2.4　断熱孤立系での平衡温度

の音速は $c = \sqrt{1.666 \times 208.12 \times 300} = 322.5\,\mathrm{m/s}$ と求まる．音速は気体中を伝わる圧力波の伝播速度であるが，平均的には分子は音速よりも速い速度で自由に飛び回っていることになる．

2・3　温度と熱平衡（熱力学第0法則）　(temperature and thermal equilibrium (the zeroth law of thermodynamics))

系内の熱移動が生じない，あるいはその指標となる温度(temperature)が時間的に変化しない状態が，熱平衡または温度平衡(thermal equilibrium)状態である．系1と系3が熱平衡，かつ系2と系3が熱平衡にあれば，系1と系2は熱平衡状態にある．これが熱力学第0法則(the zeroth law of thermodynamics)である．

　この系3を温度計(thermometer)とすると，系1と系2により測定された温度が等しいことがわかる．水の三重点(the triple point)を 273.16K とする理想気体温度，すなわち熱力学的温度(thermodynamic temperature)目盛りを用いて，その温度原点を最低温度として測った温度が絶対温度(absolute temperature)である．

　高温の系1と低温の系2を接触させた場合，系1から系2に移動するエネルギーを熱(heat)とよび，その量を熱量(quantity of heat)という．

　系の温度を 1 K 上昇させるのに要する熱量が，系の熱容量(heat capacity) C(J/K)であり，単位質量あたりの熱容量が比熱(specific heat) c(J/(kg·K))として定義される（図 2.3）．体積一定条件では定積比熱 (specific heat at constant volume) c_v，圧力一定条件では定圧比熱 (specific heat at constant pressure) c_p という．一般に，定圧比熱が定積比熱より大きいが，固体や液体では温度上昇による体積変化が小さいためこれらの差は無視できるほど小さいことから，単に比熱 c が用いられる．

【例 2.6】図 2.4 に示されるように，温度 200℃の鉄塊（4kg，比熱 0.394 kJ/(kg·K)）と温度 400℃の銅塊（2kg，比熱 0.399kJ/(kg·K)）を接触させて，断熱された孤立系に放置すると，それらの温度はどうなるか．

【解 2.6】銅塊から鉄塊へ熱が移動し最終的に同じ温度となる．この熱平衡となったときの温度を T とすると，鉄塊が失うエネルギーと銅塊が得るエネルギーが等しいことから

$$(T - 200) \times 4 \times 0.394 = (400 - T) \times 2 \times 0.399$$

したがって，$T = 267.2℃$ となる．

2・4　状態量　(quantity of state)

熱力学的平衡状態にある系に関しては，「温度」のように，過去の履歴には左右されずに現在の状態で定義される物理量のみで表すことが可能である．このような物理量を状態量(quantity of state)という．状態量としては，温度 T(K)，圧力 p(Pa)，体積（容積）V(m³)，密度 ρ(kg/m³)，内部エネルギー U(J)，エンタルピー H(J)，エントロピー S(J/K)などがある．

　系の大きさに比例して変化する状態量が示量性状態量(extensive quantity,

extensive property)（表 2.2）であり，一方，系の大きさに依存しない状態
量が示強性状態量(intensive quantity, intensive property)（表 2.2）である．示量
性状態量に対しては単位質量あたりの物理量を考えると便利である．

表2.2 状態量
示量性状態量
体積（容積）：V (m³)
内部エネルギー：U (J)
エンタルピー：H (J)
エントロピー：S (J/K)
示強性状態量
温　度：T (K)
圧　力：p (Pa)
比体積：v (m³/kg)
密　度：ρ (kg/m³)

2・5　単位系と単位 (system of units, unit)

国際単位系(SI, The International System of Units)は 1960 年の国際度量衡総会
において採択されたメートル系の標準的単位系である．これらの基本単位や
組立単位，SI 接頭語などは裏表紙にまとめてある．単位は，その物理量の大
きさを示す上でも，また組立単位を比較することで，方程式の左右が，数値
のみでなく，物理的に正しいことを検証する上で重要である．一方，工学単
位系は物理的にその大きさを実感できる場合もあり，多くの国々や産業分野
において現在も使用されている．

また，これまで慣用的に用いられてきたいくつかの単位の併用も認められ
ている．

【例 2.7】1 馬力（1 PS）は何 W に相当するか．また，具体的にどのよう
な仕事率として理解できるか．

【解 2.7】1 馬力は 735.5W と定義され，100V で 7.355A で動くモータの出
力に相当する．重力単位系では 75kgf・m/s であり，75kg の物体を重力加
速度と反対方向に 1 m の高さまで 1 秒間で持ち上げる仕事率として理解で
きる．

【例 2.8】1 N とはどのような力か．

【解 2.8】1N とは質量 1kg の物体を 1m/s² で加速する場合の力として定義
されている．あるいは質量 0.102kg の物体を持つ手に重力方向に受ける力
となる．質量 1kg の物体を待てば 9.8N の力を手に受けることになる．

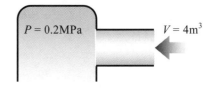

図 2.5 気体の供給

===== 練習問題 ======================

【2・1】Calculate the total energy when working gas with a volume of 4m³
(pressure of 0.2 MPa) is introduced into a pressure vessel at a constant pressure of
0.2MPa, as shown in Fig.2.5.

【2・2】比熱 c が温度の関数であるとき，温度 T_1 から T_2 の間における平均
比熱 c_m を求める式を導出せよ．

【2・3】0.7kg of water with　specific heat of 4.186 kJ/(kg·K) is poured into an
insulated drop calorimeter with a mass of 0.3kg and　specific heat of
0.234kJ/(kg·K). The initial water temperature is 16.4℃ under thermal equilibrium
conditions. A　0.4kg aluminum block at 80℃ is introduced into the drop
calorimeter and the water temperature increases to 23.2 ℃ under thermal
equilibrium conditions. Calculate the specific heat of aluminum.

図2.6 気体の加熱

図2.7 ピストン－シリンダー機構
に封入された水素

【2・4】0.1 馬力（0.1PS）を測定する簡易な方法を述べよ.

【2・5】Figures 2.6(a) and (b) show an insulated-closed vessel and an insulated piston-cylinder mechanism without friction, respectively. When 40 kJ of heat is added to air with a mass of 0.5 kg at 20℃, what is the final temperature in each case? The specific heat at constant pressure and constant volume is assumed to be 1.0 kJ/(kg·K) and 0.719kJ/(kg·K), respectively, in this temperature range.

【2・6】直径 12m の球形容器にヘリウムが封入されている.その温度が 25℃, 圧力が 300kPa であるとき, ヘリウムのモル数と質量を求めよ. このとき, 理想気体と仮定し, ヘリウムの分子量を 4.0026 とする.

【2・7】As shown in Fig.2.7, air is introduced into the cylinder of an insulated piston-cylinder mechanism with a pressure of 400 kPa. The cross-sectional area of the piston is 40cm². The atmospheric pressure is 101.325 kPa. The gravitational acceleration is 9.8 m/s². Calculate the mass of the piston.

【2・8】タンクに 100kPa, 15℃の空気が 20kg 入っている. このタンクにさらに空気を注入したところ, 圧力が 300kPa, 温度が 25℃ となった. 加えた空気の質量はいくらか. 必要であれば, 空気のガス定数 R_{air}=0.287kJ/(kg K)を利用せよ. なお, タンクは空気の注入により変形しないものとする.

【2・9】Hydrogen gas is introduced into a cylinder tank with a diameter of 30 cm and a length of 1.5m. The pressure and the temperature are 10MPa and 30℃, respectively. Calculate the number of moles of hydrogen. With time, because of leaking of the hydrogen from the tank, the pressure and the temperature changed to 9.6 MPa and 15℃, respectively. Calculate the number of moles and mass that leaked.

【2・10】上記問題 2.9 から十分時間が経過し, タンクおよび内部の水素は周囲温度 25℃ となったとする. この水素を燃料電池自動車に供給し, 理想的な最大仕事, すなわち水素 1mol あたり 228.582kJ を取り出すことができるものとする. また, この燃料電池自動車は, 一定時速 60km/h にて走行するとき, 3kW を要するとされている. タンクの水素圧力が, 大気圧 101.325kPa まで低下する間に, 走行できる時間と距離（時速 60km/h 一定の場合）を求めよ. 走行中は, タンクおよび内部の水素の温度は, 25℃ 一定とする.

第3章

熱力学第1法則
The First Law of Thermodynamics

3・1 熱と仕事 (heat and work)

熱(heat)は，温度の高い系から低い系に移動するエネルギーの形態として定義される．温度差によるエネルギー移動であるから熱平衡(thermal equilibrium) にある系の間では熱によるエネルギー移動はなくなる．つまり，熱は伝熱(heat transfer)によって移動する内部エネルギー（または熱エネルギー）である．伝熱の形態は，熱伝導(heat conduction)，対流熱伝達(convective heat transfer)，ふく射伝熱(radiative heat transfer)に分類される．

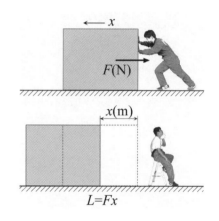

図3.1 仕事

系が温度差のある周囲に置かれているときでも伝熱が起こらない系を断熱系(adiabatic system)といい，この境界を断熱壁(adiabatic wall)という．断熱壁でない境界を透熱壁(diathermal wall)という．断熱材などの熱伝導の悪い物質で系を覆う場合，近似的に断熱壁と見なされる場合がある．

仕事(work)は，図3.1 に示すような力 F と移動距離 x から求まる仕事 L を基本とする機械仕事(mechanical work)の他に，電気仕事(electrical work)など多様である．

[例 3.1] 機械仕事の例を挙げよ．

[解 3.1] 上述の電気仕事の他に，重力仕事，加速仕事，バネ仕事，軸仕事などがある．

ジュール(Sir James Joule)は，図 3.2 の実験装置で，おもりの重力仕事 mgz (J)が断熱状態の水を撹拌（かくはん）し，全てが静止した後の温度上昇を計測した．同じ温度変化は，熱を加えることによっても可能であるから，熱と仕事は等しいものであることを示し，1 kg の水を 1 K 上昇させるためのエネルギー 1 kcal が 4.155 kJ であることを示した．現在は，1 kcal の熱から仕事への変換定数または，熱の仕事当量(mechanical equivalent of heat)は 4.1868 kJ と定められている．

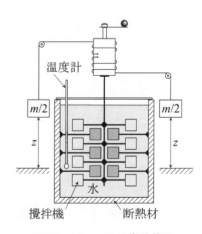

図3.2 ジュールの実験装置

これらのエネルギーと熱や仕事を関係づけるものがエネルギー保存則(energy conservation law)として知られている熱力学第1法則(the first law of thermodynamics)である．熱力学第1法則を言葉で表現すると，「熱は本質的に仕事と同じエネルギーの1形態であり，仕事を熱に変えることもできるし，その逆も可能である」ということができる．また，エネルギー保存の原理から，「系の保有するエネルギーの総和は，系と周囲との間にエネルギー交換のない限り不変であり，周囲との間に交換のある場合には授受したエネルギー量だけ減少または増加する」または，「孤立系の保有するエネルギーは保存される」ともいうことができる．

[例 3.2] A lead ball is dropped from 100 m above the ground in free fall. Assume that all the potential energy of the lead ball is converted to thermal energy and, evaluate the temperature rise in the lead ball. The specific heat of the lead is 0.125 kJ/(kg·K), and the acceleration of gravity is 9.807 m/s.

[解 3.2] 鉛の質量を M kg とすると，自由落下で熱エネルギーに変換されるエネルギー量(J)は $M \times 9.807 \times 100$. 鉛の温度を ΔT (K)上昇させるのに必要なエネルギー量(J)は $0.125 \times 10^3 \times M \times \Delta T$ であり，両者が等しいとき，$\Delta T = 7.85$ K.

3・2　閉じた系の熱力学第 1 法則 (the first law applied to closed system)

閉じた系(stationary closed system)を考える．ΔE_t を系が保有する全エネルギー(total energy)とすると，検査体積がガスで満たされている系では，全エネルギーは，ガス分子の微視的運動エネルギーである内部エネルギー U，ガスの流動による巨視的運動エネルギー E_K，系のポテンシャルエネルギー E_P からなるから，全エネルギーの変化量は，

$$\Delta E_t = \Delta U + \Delta E_K + \Delta E_P \text{ (J)} \tag{3.1}$$

さらに，Q を系の境界を横切る熱量，L を系が周囲に作用する仕事とすると，エネルギー保存則から

$$\Delta E_t = Q - L \text{ (J)} \tag{3.2}$$

となる．系内のガス流速が小さいときや系の高さ変化が無視できる場合，つまり静的な閉じた系を考えると，熱力学第 1 法則の一般式は次式となる

$$\Delta U = Q - L \text{ (J)} \tag{3.3}$$

単位質量あたりの量を考えると，式(3.3)は，

$$\Delta u = q - l \text{ (J/kg)} \tag{3.4}$$

となる．系の微小変化に対して式(3.3)および式(3.4)は

$$dU = \delta Q - \delta L \text{ (J)} \tag{3.5}$$

$$du = \delta q - \delta l \text{ (J/kg)} \tag{3.6}$$

微小変化に対する式(3.5)の dU は状態量の微小変化で，熱力学関数(thermodynamic function)の微分であるが，δQ と δL は状態量ではなく，その微小変化も経路に依存する不完全微分であるため，単なる微小な変化として δ の記号を用いて表現している．

[例 3.3] 外部からエネルギー補充を受けること無しに永久に動力を発生する機械を第 1 種永久機関という．このような機械が成立しないことを熱力学第 1 法則から説明せよ．

[解 3.3] 外部からのエネルギー補充が無い場合，熱力学の第一法則より $L = -\Delta U$. すなわち，永久に動力を発生し続けるには系の内部エネルギーを使い続ける必要があるが，検査体積内の内部エネルギーは有限であるため．

3・3 熱力学的平衡と準静的過程 (thermodynamic equilibrium and quasi-static process)

熱平衡では系内の温度は一様で,系内部の熱移動はない.系内外の力がつり合い状態にある場合を**力学平衡**(mechanical equilibrium)といい,系内の物体は巨視的運動をせず,周囲とも力学的につり合い状態にある.系内の物質の化学組成が変化せず安定状態にあり,系内の濃度などの化学成分分布も一様なとき,系は**化学平衡**(chemical equilibrium)にあるという.飽和液と蒸気の混合物(saturated liquid vapor mixture)のように,液体と気体などの異なった相が共存する場合,それぞれの相の割合が一定に保たれている系は**相平衡**(phase equilibrium)状態にある.上記の全ての平衡が成り立つとき,系は**熱力学的平衡**(thermodynamic equilibrium)状態にある.

系がある状態から他の状態への変化を**過程**(process)という.ここで,熱力学的平衡状態を保ちながら微小量だけ系が「ゆっくり」変化する過程が**準静的過程**(quasi-static process)であり,熱力学における重要な仮想的過程である.また過程には,「系が周囲に対していかなる痕跡も残すことなく元の状態に戻ることができる過程」である**可逆過程**(reversible process)と,可逆過程でない**不可逆過程**(irreversible process)とがある.

図3.3 各種平衡と熱力学的平衡

3・4 準静的過程における閉じた系の熱力学第1法則 (the first law applied to quasi-static process of closed system)

図 3.5 に示す断面積 A (m²)のシリンダとピストン,作動流体で構成される系を考える.ピストンに働く摩擦はなく周囲は真空であり,F (N)の力をもってピストンで押している.ピストンが dx (m)だけ微小距離を移動し流体の体積が増大すると,

$$dU = \delta Q - F dx \quad (J) \tag{3.7}$$

である.シリンダ内の作動流体の状態量は体積 V (m³),圧力 p (Pa),内部エネルギー U (J)である.準静的過程では外力と圧力が釣り合っているので,

$$F = pA \tag{3.8}$$

であり,体積変化が $dV = A dx$ で表されるから,式(3.7)は,

$$dU = \delta Q - p dV \tag{3.9}$$

となる.これは準静的過程における閉じた系の熱力学第1法則である.系が,図 3.5 の状態 1 から 2 に変化するときの熱量を Q_{12} とすると,式(3.9)から,

$$U_2 - U_1 = Q_{12} - \int_1^2 p \, dV \tag{3.10}$$

右辺第2項は図 3.5 の p–V 線図の V_1–p_1–p_2–V_2 で囲まれる面積が状態1から2の過程で系が周囲にした仕事となる.これを**絶対仕事**(absolute work)という.微小変化に対する式(3.10)の表現は,

$$dU = \delta Q - p dV \quad (J) \tag{3.11}$$

となり,式(3.9)と同じになる.単位質量あたりの変化は比体積 v を用いて

$$du = \delta q - p dv \tag{3.12}$$

となる.

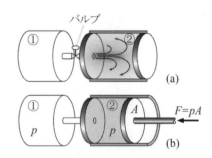

図3.4 非平衡過程(a)と
準静的過程(b)

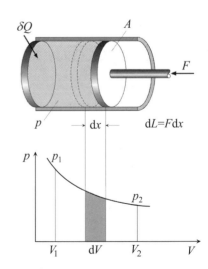

図3.5 シリンダ・ピストンの準静
的過程における仕事

表 3.1 準静的過程における
閉じた系の第1法則

$$dU = \delta Q - p\,dV$$
$$du = dq - p\,dv$$

[例 3.4] A piston-cylinder system is filled with a gas. The system is heated from outside with 10 kJ to expand the gas to do work to the ambient as well as to increase the gas internal energy with 3 kJ. Neglect the heat capacity and the friction of the piston-cylinder system, and evaluate the work done by the piston to the ambient.

[解 3.4] 熱力学の第一法則より，求める仕事 L は $L = Q - \Delta U = 10\,\text{kJ} - 3\,\text{kJ}$ $= 7\,\text{kJ}$ と得られる.

3・5　開いた系の熱力学第1法則 (the first law applied to open system)

開いた系は，検査体積が変化する系と，検査体積が変化しない系に分けられる．検査体積が変化せず定常状態にある開いた系を定常流動系(steady flow system)という．定常流動系では，作動流体の系への流入質量流量と系からの流出質量流量は等しく，$\dot{m}_{1i}$，$\dot{m}_{2j}$(kg/s)をそれぞれ系に流入・流出する質量流量とすると，質量保存(conservation of mass)

$$\sum_i \dot{m}_{1i} - \sum_j \dot{m}_{2j} = 0 \tag{3.13}$$

が成り立つ．この関係は，系内に化学反応が起きても成立する．

[例 3.5] 定常流動系と見なせる機器の例を挙げよ.

[解 3.5] 定常運転されるタービン，圧縮機，ポンプ等.

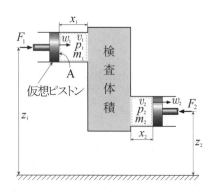

図3.6　開いた系に流入・流出する
エネルギーと流動仕事

開いた系では境界を横切る作動流体(working fluid)を考える．作動流体が系に流入するためには，系入口の圧力に抗して流体を押し込む仕事が必要となる．図3.6の開いた系で体積Vの流体が系に流入する場合，この流体要素は上流の流体によって押し込まれるが，この過程を摩擦のない断面積Aの仮想ピストンで押し込むことと考える．流体はこのピストンに力Fで押されxだけ移動して体積Vの流体を押し込む．この時，周囲が系に対してした仕事は，

$$L_f = Fx = pAx = pV \quad \text{(J)} \tag{3.14}$$

ここで，作動流体が流入する時は定常状態で力学的平衡と熱平衡が成り立っており，準静的過程を適用していることに注意する．この仕事は流体が開いた系に流入するために必要な仕事であるから流動仕事(flow work)または，排除仕事(displacement work)という．流体単位質量あたりの流動仕事は，

$$l_f = pv \quad \text{(J/kg)} \tag{3.15}$$

となる．作動流体が系から流出する場合も，同様な仕事を系が周囲に対して

することになる.

　流入する体積 V,　質量 m の作動流体は内部エネルギー U を有する.　U と流動仕事とを和して**エンタルピー**(enthalpy) H(J)を定義する.

$$H = U + pV \qquad (3.16)$$

流体 1 kg 当たりで書くと,　**比エンタルピー**(specific enthalpy) h (J/kg)が,

$$h = u + pv \qquad (3.17)$$

と表される.

[例 3.6] 圧力 0.1 MPa,　体積 2000ℓ,　質量 2 kg の気体が 600 kJ の内部エネルギーを持つとき,　比エンタルピー(kJ/kg)を求めよ.

[解 3.6] 式(3.17)より,　$h = 600 \times 10^3 / 2 + 0.1 \times 10^6 \times 2000/10^3/2 = 400 \times 10^3$ J/kg = 400 kJ/kg

---

　作動流体が速度 w (m/s)で基準高さ z (m)から流入する場合,　作動流体は内部エネルギーだけでなく運動エネルギーとポテンシャルエネルギーを伴っていることになる.　つまり,　系内に流入する全エネルギーは,

$$E_t = U + pV + mw^2/2 + mgz \quad \text{(J)} \qquad (3.18)$$

式(3.16)で定義したエンタルピーを用いると,　式(3.18)は,

$$E_t = H + mw^2/2 + mgz \quad \text{(J)} \qquad (3.19)$$

となる.　式(3.19)を作動流体単位質量あたりに書き換えると,

$$e_t = h + w^2/2 + gz \quad \text{(J/kg)} \qquad (3.20)$$

　定常流動系では系内のエネルギーが一定であり,　図 3.7 の系にエネルギー保存則を適用する.　系に流入,　流出する全エネルギー E_{t1},　E_{t2} から,

$$E_{t2} - E_{t1} = Q_{12} - L_{12} \quad \text{(J)} \qquad (3.21)$$

式(3.19)と質量保存則を用いて書き直すと,　定常流動系の**熱力学第1法則**は,

$$(H_2 + mw_2^2/2 + mgz_2) - (H_1 + mw_1^2/2 + mgz_1) = Q_{12} - L_{12} \quad \text{(J)} \qquad (3.22)$$

作動流体の単位質量あたりでは,

$$(h_2 - h_1) + \left(w_2^2 - w_1^2\right)/2 + g(z_2 - z_1) = q_{12} - l_{12} \quad \text{(J/kg)} \qquad (3.23)$$

特に,　流体が系を通過するときの運動エネルギーとポテンシャルエネルギーの変化とが無視できるとき,　式(3.23)は次式のように簡略化される.

$$h_2 - h_1 = q_{12} - l_{12} \quad \text{(J/kg)} \qquad (3.24)$$

また,　微小変化に対しては,

$$\mathrm{d}h = \delta q - \delta l \qquad (3.25)$$

[例 3.7] Consider a thermally insulated steam turbine. The values of the specific enthalpy of the input and output steam are 2000 kJ/kg and 3000 kJ/kg, respectively. The outlet steam velocity is 400 m/s. Both the input steam velocity and the potential energy change of the steam can be neglected. Evaluate the power output of the steam　turbine per 1 kg of steam.

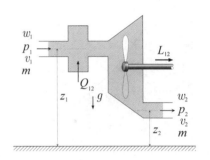

図 3.7　開いた系のエネルギー
　　　保存則

表 3.2　定常流動系の熱力学第1
法則

$$(H_2 + mw_2^2/2 + mgz_2)$$
$$-(H_1 + mw_1^2/2 + mgz_1)$$
$$= Q_{12} - L_{12}$$
$$(h_2 - h_1) + \frac{(w_2^2 - w_1^2)}{2} + g(z_2 - z_1)$$
$$= q_{12} - l_{12}$$

第3章 熱力学第1法則

[解 3.7] 式(3.23)より，$l_{12} = 0-(2000-3000)\cdot10^3 - (400^2-0)/2-0 = 920$ kJ/kg

運動エネルギーとポテンシャルエネルギーの変化が無視できる定常流動系の式（3.24）における仕事 l_{12} を工業仕事（technical work）と呼ぶ．いま，定常流動系に単位質量の作動流体が状態 1 で流入し状態 2 で流出する場合を考える．この作動流体の閉じた系における状態変化では，状態 1 から状態 2 に変化するときの絶対仕事 l_a (J/kg)は

$$l_a = \int_1^2 p\,dv \tag{3.26}$$

となり，図 3.8 の面積 a-1-2-b で表される．一方，作動流体が系に流入するとき p_1v_1 の仕事をする．これは図 3.8 の c-1-a-0 に相当する．この作動流体が状態 2 で流出するとき p_2v_2 の仕事を周囲に対して行うが，これらは定常流動系から取り出せる仕事とならない．つまり運動エネルギーとポテンシャルエネルギーが無視できる準静的過程が成り立つ定常流動系の仕事 l_{12} は，

$$l_{12} = \int_1^2 p\,dv + p_1v_1 - p_2v_2 = \int_2^1 v\,dp = h_1 - h_2 + q_{12} \tag{3.27}$$

となる．図 3.8 の赤色部分に相当し，これが工業仕事である．

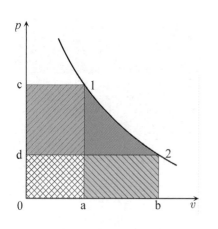

図3.8 定常流動系の工業仕事と絶対仕事の関係

[例 3.8] 系へ流入，流出する作動流体の比エンタルピーが 300 kJ/kg，100 kJ/kg，系から流出する熱量が 100 kJ/kg のとき，工業仕事を求めよ．

[解 3.8] 熱量の流出に留意し式(3.27)より $l_{12} = 300-100+(-100) = 100$ kJ/kg

3・6 理想気体における熱力学第一法則 (the first law in ideal gases)

理想気体(ideal gas)とは，実在気体の性質を理想化したもので，完全気体(perfect gas)とも呼ばれる．理想気体は，圧力 p (Pa)，比体積 v (m^3/kg)，体積 V (m^3)，質量 m (kg)，温度 T (K) の間に，

$$pv = RT \text{ または } pV = mRT \tag{3.28}$$

の関係が成り立つ．ここで，R (J/(kg·K))は，気体定数(gas constant)といい，気体の種類によって異なる値をもつ．式(3.28)を理想気体の状態方程式（state equation of ideal gas）という．式(3.28)にモル数 n とモル質量 M を用いて

$$pV = nMRT = nR_0T \tag{3.29}$$

ここで，R_0 は全ての理想気体について等しい値となり，一般気体定数(universal gas constant)と呼ばれ，以下の関係がある．

$$R_0 = MR = kN_A = 8.314 \text{ J/(mol·K)} \tag{3.30}$$

ここで k はボルツマン定数，N_A はアボガドロ数である．

ジュールは，図 3.9 に示す外周を断熱された装置を用いて気体の自由膨張(free expansion)の実験を行い，容器 A に封入した気体を真空容器 B に流入させる前後を比較し，平衡状態における温度には変化がないことを示した．図 3.9 の装置全体を系とすると，過程の前後で系の内部エネルギーが一定に保

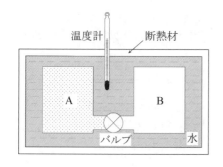

図3.9 ジュールの実験

3・6 理想気体における熱力学第一法則

たれる．一方，比内部エネルギーは一般に比体積と温度の関数として，

$$u = u(T, v) \tag{3.31}$$

と表すことができる．実験から，気体の比体積は変化したが温度は変化せず，

$$\left(\frac{\partial u}{\partial v}\right)_T = 0 \tag{3.32}$$

が成り立つ．すなわち理想気体の内部エネルギーは比体積に無関係であって，温度のみの関数として表すことができ，エンタルピーも同様に

$$h = u + pv = u + RT = h(T) \tag{3.33}$$

単位質量あたりの状態量で考えると，理想気体の u と h の微小変化は，

$$du = c_v dT, \quad dh = c_p dT \tag{3.34}$$

式(3.33)を T で微分し，さらに上式を用いると，

$$c_p - c_v = R \tag{3.35}$$

が得られる．これが理想気体に対するマイヤーの関係(Mayer relation)である．定圧比熱と定積比熱の比

$$\kappa = c_p / c_v \tag{3.36}$$

を比熱比 (specific-heat ratio)といい，これと式(3.35)とを用いて次式を得る

$$c_v = R/(\kappa - 1), \quad c_p = \kappa R/(\kappa - 1) \tag{3.37}$$

理想気体の κ は単原子気体で 5/3，2原子気体では 7/5=1.4 などとなる．

表 3.3 理想気体に対する
マイヤーの関係

$$c_p - c_v = R$$
$$c_v = R/(\kappa - 1)$$
$$c_p = \kappa R/(\kappa - 1)$$

[例 3.9] 二酸化炭素を考える．定圧比熱が 0.880 kJ/(kg·K)と与えられるとき，定積比熱を求めよ．

[解 3.9] 式(3.35)，(3.30)より，$c_v = 0.880 - 8.314 \times 10^{-3}/0.044 = 0.691$ kJ/(kg·K)

図 3.10 に示すシリンダとピストンからなる容器内に蓄えられている理想気体が，いくつかの代表的拘束条件（等温，等圧，断熱など）のもとに準静的に状態 1 から状態 2 へと変化する過程を考える．熱力学第 1 法則は

$$\delta q = c_v dT + p dv = c_p dT - v dp \tag{3.38}$$

状態方程式は，式(3.28)で表される．以下，簡単のために比熱が温度によって変化しない狭義の理想気体を考える．

等温過程(isothermal process)：　温度一定の変化であり，理想気体を加熱しながら膨張させる場合，はじめと終わりの状態を添字 1,2 で表すと，

$$pv = RT = p_1 v_1 = p_2 v_2 = 定数 \tag{3.39}$$

である．単位質量の気体が外部になす仕事 l_{12} は

$$l_{12} = \int_1^2 p\, dv = p_1 v_1 \int_1^2 \frac{dv}{v} = p_1 v_1 \ln\frac{v_2}{v_1} = p_1 v_1 \ln\frac{p_1}{p_2} = RT \ln\frac{p_1}{p_2} \tag{3.40}$$

等温過程では u は一定で変化しないため，気体に加えられた熱量 q_{12} は気体が周囲に対して行う外部仕事に等しく，

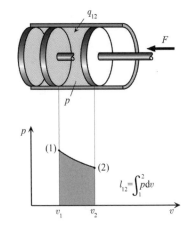

図 3.10　理想気体の状態変化と $p-v$ 線図

$$q_{12} = l_{12} = RT \ln(p_1 / p_2) \tag{3.41}$$

[例 3.10] 圧力 5 MPa，比体積 0.15 m^3/kg の気体が等温過程を経て 5 倍の体積に膨張したときの流体単位質量あたりの仕事を求めよ．

[解 3.10] 式(3.40)より，$l_{12} = 5 \times 10^6 \times 0.15 \times \ln(5/1) = 1.2 \times 10^6$ J

等圧過程(isobaric process)：　等圧燃焼過程などに見られる圧力一定の過程であり，気体の状態は

$$\frac{T}{v} = \frac{T_1}{v_1} = \frac{T_2}{v_2} = 定数 \tag{3.42}$$

である．また，等圧過程で単位質量あたりの気体がする仕事 l_{12} は，

$$l_{12} = \int_1^2 p \, dv = p(v_2 - v_1) = R(T_2 - T_1) \tag{3.43}$$

気体に加えられる熱量は第 1 法則式より，

$$q_{12} = h_2 - h_1 = c_p(T_2 - T_1) \tag{3.44}$$

$$= l_{12} + u_2 - u_1 \tag{3.45}$$

[例 3.11] 温度 300 K，定積比熱 1.2 kJ/(kg·K)の理想気体に等圧で 56000 kJ/kg の熱量を与え，1400 K にする過程で取り出せる仕事(kJ/kg)を求めよ．

[解 3.11] 式(3.45), (3.44)より，l_{12} = 56000-1.2×(1400-300) =54700 kJ/kg

等積過程(isochoric process)：　一定体積容器内の気体の加熱や燃焼過程などに見られる．この変化では比体積 v が一定であるから，状態式から

$$\frac{T}{p} = \frac{T_1}{p_1} = \frac{T_2}{p_2} = 定数 \tag{3.46}$$

である．また，熱力学第一法則から外部仕事 $l_{12} = \int p \, dv = 0$ となる．気体に加えられる熱量 q_{12} は

$$q_{12} = u_2 - u_1 = c_v(T_2 - T_1) \tag{3.47}$$

[例 3.12] 圧力 1 MPa，温度 600 K，定積比熱 1.0 kJ/(kg·K)の理想気体に等積過程で 3000 kJ/kg の熱量を加えた後の圧力を求めよ．

[解 3.12] 式(3.46), (3.47)より，
$p_2 = (1.0 \times 10^6) \times \{600 + (3000 \times 10^3)/(1.0 \times 10^3)\}/600 = 6 \times 10^6$ Pa = 6 MPa

可逆断熱過程 (reversible adiabatic process) または等エントロピー過程

(isentropic process)： 気体と周囲との間に熱交換がなく，また摩擦などによる内部熱発生のないときの変化である．式(3.38)において $\delta q = 0$ とおくと，

$$c_\mathrm{v}\mathrm{d}T + p\mathrm{d}v = 0 \tag{3.48}$$

理想気体の状態方程式と比熱に関する関係式を用いると，

$$\kappa \frac{\mathrm{d}v}{v} + \frac{\mathrm{d}p}{p} = 0 \tag{3.49}$$

式(3.49)を積分すると $\kappa \ln v + \ln p =$ 定数となることから，

$$pv^\kappa = p_1 v_1^\kappa = p_2 v_2^\kappa = 定数 \tag{3.50}$$

であり，これと状態方程式から以下の関係が得られる

$$Tv^{\kappa-1} = T_1 v_1^{\kappa-1} = T_2 v_2^{\kappa-1} = 定数 \tag{3.51}$$

$$\frac{T}{p^{(\kappa-1)/\kappa}} = \frac{T_1}{p_1^{(\kappa-1)/\kappa}} = \frac{T_2}{p_2^{(\kappa-1)/\kappa}} = 定数 \tag{3.52}$$

外部に対してなす仕事は，式(3.50)～(3.52)を用いて

$$l_{12} = \int_1^2 p\,\mathrm{d}v = \frac{p_1 v_1}{\kappa-1}\left[1 - \left(\frac{v_1}{v_2}\right)^{\kappa-1}\right] \tag{3.53}$$

$$= \frac{1}{\kappa-1}\left(p_1 v_1 - p_2 v_2\right) = \frac{R}{\kappa-1}\left(T_1 - T_2\right) \tag{3.54}$$

[例 3.13] 圧力 0.1 MPa, 比体積 0.850 m^3/kg, 比熱比 1.4 の理想気体が可逆断熱圧縮で圧力 0.5 MPa になった．比体積を求めよ．

[解 3.13] 式(3.50)より， $v_2 = 0.850 \times (0.1/0.5)^{1/1.4} = 0.269\ \mathrm{m^3/kg}$

ポリトロープ過程(polytropic process)： 実際の熱機関のように，可逆断熱過程に近い変化をするが実際には熱の出入りがあるような場合は

$$pv^n = p_1 v_1^n = p_2 v_2^n = 定数 \tag{3.55}$$

に従うとし，これをポリトロープ過程(polytropic process)とよぶ．定数 n をポリトロープ指数という．可逆断熱変化の場合と同様に式変形すると

$$Tv^{n-1} = 定数, \qquad \frac{T}{p^{(n-1)/n}} = 定数 \tag{3.56}$$

$n \neq 1$ のとき 1 kg あたりの理想気体が外部に対してなす仕事は

$$l_{12} = \frac{1}{n-1}\left(p_1 v_1 - p_2 v_2\right) = \frac{R}{n-1}\left(T_1 - T_2\right) \tag{3.57}$$

また，$n = 1$ のときは

$$l_{12} = RT_1 \ln\frac{p_1}{p_2} \tag{3.58}$$

ポリトロープ変化の過程で加えられた熱量 q_{12} は，熱力学第 1 法則より

$$q_{12} = c_\mathrm{v}\left(T_2 - T_1\right) + l_{12} \tag{3.59}$$

$$= c_v\left(T_2 - T_1\right) + \frac{R}{n-1}\left(T_1 - T_2\right) = c\left(T_2 - T_1\right) \tag{3.60}$$

ここで，

$$c = c_v \frac{n-\kappa}{n-1} \tag{3.61}$$

であり，c はポリトロープ変化の比熱を表す．

[例 3.14] 圧力 0.1 MPa の理想気体の体積をポリトロープ過程で 1/16 に圧縮すると，圧力は 3.8 MPa となった．ポリトロープ指数を求めよ．

[解 3.14] 式(3.55)より，$0.1 v_1^n = 3.8(v_1/16)^n$，$n = 1.31$

[例 3.15] 式(3.57), (3.58)を導出せよ．

[解 3.15] 式(3.26), (3.10)に式(3.55)を代入する．$n \neq 1$ のとき式(3.39)より

$$l_{12} = \int_1^2 p\,\mathrm{d}v = \int_1^2 \frac{p_1 v_1^n}{v^n}\,\mathrm{d}v = -\frac{p_1 v_1^n}{n-1}\left[v^{1-n}\right]_{v_1}^{v_2} = \frac{p_1 v_1^n}{n-1}\left(v_1^{1-n} - v_2^{1-n}\right)$$

$$= \frac{1}{n-1}\left\{p_1 v_1 - p_1\left(v_1/v_2\right)^n \cdot v_2\right\} = \frac{1}{n-1}\left(p_1 v_1 - p_2 v_2\right) = \frac{R}{n-1}\left(T_1 - T_2\right)$$

また，$n=1$ のとき

$$l_{12} = \int_1^2 p\,\mathrm{d}v = \int_1^2 \frac{p_1 v_1}{v}\,\mathrm{d}v = p_1 v_1\left[\ln v\right]_{v_1}^{v_2} = p_1 v_1 \ln\frac{v_2}{v_1} = RT_1 \ln\frac{p_1}{p_2}$$

　物質の拡散・混合はガスの自由膨張と同様に代表的な不可逆過程の 1 つである．ドルトンの法則(Dalton's law)より，気体の混合に関しては混合気体の圧力，つまり全圧(total pressure)は，各成分気体が混合気体と等しい温度と体積において単独に存在するときの圧力，分圧(partial pressure)の和に等しい．

　いま，圧力，温度などの異なる互いに化学反応しない n 種類の理想気体をそれぞれ別々の室に入れ，その後各室間の仕切りをとると，各気体は拡散によって混合し，ついには均質な混合気体となる．混合前の各成分気体の質量，容積，圧力，温度，モル質量，モル数をそれぞれ m_i, V_i, p_i, T_i, M_i, n_i $(i = 1, 2, \cdots, n)$ とし，混合後のそれらを m, V, p, T, M, n とすると

$$m = \sum_{i=1}^n m_i, \quad V = \sum_{i=1}^n V_i \tag{3.62}$$

また各成分の気体に対しては理想気体の状態式が成り立つ．

$$p_i V_i = m_i R_i T_i, \quad pV = mRT \tag{3.63}$$

系全体としては一定容積のもとでの混合なので，外部に対して系は仕事をせず，また容器は外部と断熱されているので熱移動はない．したがって，熱力学第1法則より系全体の内部エネルギーは混合前後で変化しない．つまり，

$$mu = \sum_{i=1}^n m_i u_i \tag{3.64}$$

混合後の温度を T とすると，

$$T\sum_{i=1}^{n} m_i c_{vi} = \sum_{i=1}^{n} m_i c_{vi} T_i \tag{3.65}$$

$$\therefore T = \frac{\sum_{i=1}^{n} m_i c_{vi} T_i}{\sum_{i=1}^{n} m_i c_{vi}} = \frac{\sum_{i=1}^{n} p_i V_i \dfrac{c_{vi}}{R_i}}{\sum_{i=1}^{n} \dfrac{p_i V_i}{T_i} \dfrac{c_{vi}}{R_i}} = \frac{\sum_{i=1}^{n} \dfrac{p_i V_i}{\kappa_i - 1}}{\sum_{i=1}^{n} \dfrac{p_i V_i}{T_i(\kappa_i - 1)}} \tag{3.66}$$

混合ガスの分圧 p_i' は

$$p_i' = p_i \frac{V_i}{V} \frac{T}{T_i} \tag{3.67}$$

ドルトンの法則より，混合後の全圧 p は次式で表される

$$p = \sum_{i=1}^{n} p_i' = \frac{T}{V} \sum_{i=1}^{n} \frac{p_i V_i}{T_i} = \frac{T}{V} \sum_{i=1}^{n} m_i R_i \tag{3.68}$$

[例 3.16] A 10^{-3} m^3 tank contains 0.2 MPa of N$_2$. O$_2$ with a volume of 5×10^{-4} m^3 at 0.5 MPa and same temperature with N$_2$ is added to the tank at constant temperature. Evaluate the pressure of the gas mixture.

[解 3.16] 式(3.67)より混合後の酸素の分圧は $5.0\times(5\times10^{-4}/10^{-3}) = 0.25$ MPa となり，全圧は式(3.68)より $0.2 + 0.25 = 0.45$ MPa.

次に，圧力と温度の等しい各成分気体が仕切りで分離されており，仕切りを取り去ることによって化学反応を起こすことなく拡散によって均質な混合気体になる場合を考える．式(3.62)より，質量比 $g_i = m_i/m$ を用いて

$$V = \sum_{i=1}^{n} V_i = \frac{T}{p} \sum_{i=1}^{n} m_i R_i = \frac{mT}{p} \sum_{i=1}^{n} \frac{m_i}{m} R_i = \frac{V}{R} \sum_{i=1}^{n} g_i R_i \tag{3.69}$$

すなわち混合ガスの気体定数 R は，

$$R = \sum_{i=1}^{n} g_i R_i \tag{3.70}$$

混合の際に化学変化は生じないとするので，混合前後の気体全体の分子数，つまりモル数は不変である．混合気体の分子量を M，モル数を n_t とすると

$$n_t = \sum_{i=1}^{n} n_i = \sum_{i=1}^{n} \frac{m_i}{M_i} = \frac{m}{M} \tag{3.71}$$

したがって混合気体の分子量 M は

$$M = \frac{1}{\displaystyle\sum_{i=1}^{n} \frac{g_i}{M_i}} \tag{3.72}$$

混合気体の定圧比熱，定積比熱は，

$$mc_p = \sum_{i=1}^{n} m_i c_{pi}, \quad c_p = \sum_{i=1}^{n} g_i c_{pi} \\ mc_v = \sum_{i=1}^{n} m_i c_{vi}, \quad c_v = \sum_{i=1}^{n} g_i c_{vi}$$

$$(3.73)$$

混合前後における内部エネルギー u，エンタルピー h は不変であるので

$$u = \sum_{i=1}^{n} g_i u_i, \quad h = \sum_{i=1}^{n} g_i h_i$$

$$(3.74)$$

===== 練習問題 =========================

※本章の以下の練習問題では，全ての状態変化は可逆的であるとする．

【3・1】なめらかに作動するピストン=シリンダ系に封入された気体に外部から 100 J の熱を加えるとともに，外部から 70 J の仕事を与えた．気体の内部エネルギーの変化量(J)を求めよ．

【3・2】Ten (10) students are using an electric cooking in a closed room. Heat dissipation is assumed 90 kcal/h for each student, and　1 kW for the electric hot-plate. The air in the room is thermally insulated and has a volume of 120 m^3, specific volume of 0.844 m^3/kg, and specific heat of 0.719 kJ/(kg·K) at constant volume. Evaluate the air-temperature rise (K) in a period of ten minutes.

【3・3】巡航高度を飛行中の民間航空機の客室で空のペットボトルに蓋をすると，着陸に向けた降下の過程でペットボトルがつぶれていくことに気づく．簡単のためペットボトルは自在に伸縮できる素材ででき，密閉できると考える．蓋をした時のペットボトルの内容積を 500 ml とし，機内の室温には変化が無く，巡航高度と地上での機内の気圧をそれぞれ 0.08 MPa，0.1 MPa とするとき，地上でのペットボトル内の空気の体積を求めよ．また，ペットボトル内の気体を 2 原子分子理想気体とし，蓋をした後に断熱的に変化が進行した場合の地上でのペットボトル内の気体の体積を求めよ．

【3・4】An ideal gas with molar mass of 28 g/mol fills a rigid chamber and is heated from outside with 300 kJ/kg to an increase the temperature by 420 K. Evaluate the specific heat at constant pressure, assuming a constant specific heat.

【3・5】比エンタルピー2000 kJ/kg の蒸気が流速 200 m/s で凝縮器に入り，比エンタルピー200 kJ/kg を有する凝縮後の流体が流速 50 m/s で流出するとき，凝縮器外部への放熱量(kJ/kg)を求めよ．

【3・6】A constant supply of gas enters a compressor with a mass flow rate of 0.45 kg/s, pressure of 0.1 MPa, and specific volume of 0.85 m^3/kg through a pipe with a cross-sectional area of 0.060 m^2. Compressed gas then leaves through a pipe with

第3章　練習問題

a cross-sectional area of 0.015 m^2 at a pressure of 0.65 MPa and a specific volume of 0.15 m^3/kg. Compression increases the internal energy of the gas by 80 kJ/kg, and the compressor lose 60 kW of heat to the environment. Evaluate the power load (kW) of the compressor.

【3・7】ピストン=シリンダ系に封入された圧力 6 MPa，比体積 0.07 m^3/kg，比内部エネルギー980 kJ/kg のガスを $pv^{1.5}$ =一定の関係で可逆的に膨張させて，圧力 0.15 MPa，比内部エネルギー220 kJ/kg にした．この膨張の間の外部への熱損失(kJ/kg)を求めよ．

【3・8】A constant volume, 0.5 m^{3}vesse is filled with a mixture of 10 kg of CO and 5 kg of O$_2$ at 20 ˚C. Evaluate the pressure (MPa) inside the vessel.

【3・9】A constant-volume adiabatic tank with a partitioned interior contains 1 g of N$_2$ at 40 ˚C and 2 g of a gas- X at 80 ˚C in each side of the partition. The c_p of N$_2$ is 1.0 kJ/(kg·K), and the gases have the same pressure. The partition is then slowly removed to create a gas mixture without chemical reaction that reaches an equilibrium temperature of 65.7 ˚C. Evaluate the c_p of gas X.

【3・10】窒素，酸素，二酸化炭素が体積比で 75.5%，12%，12.5%を占める混合ガスを封入したなめらかに作動するピストン=シリンダ系を考える．混合ガスの初期温度を 1000 ℃とし，n=1.3 のポリトロープ過程で 8 倍の体積に膨張する際に混合ガスが外部にする仕事(J/kg)を求めよ．

第4章

熱力学第2法則

The Second Law of Thermodynamics

4・1 熱機関のモデル化 (thermodynamic modeling of heat engine)

熱機関(heat engine)とは，温度 T_H の高温熱源から熱量 Q_H を取り入れ，温度 T_L の低温熱源へ熱量 Q_L を放出して連続的に作動し，外部へ仕事 L を出す装置のことである．具体的には自動車のエンジンや原子力発電所等が熱機関の代表である．図4.1は熱機関を抽象化して表現したものである．熱機関の内部は，ブラックボックスとして扱い，熱機関に出入りする熱量と仕事だけを考える．また，熱源(thermal reservoir)は，熱容量が無限大の理想的な閉じた系であり，どんなに熱の出入りがあっても温度が常に一定に保たれると仮定する．熱源のすべての過程は内部可逆過程と考える．この熱機関のサイクルが，図4.1の下のような p–V 線図上の閉曲線で表せるとすれば，この曲線の右回りの1回転が1サイクルに対応し，1サイクルあたりの熱の授受は矢印で示すようになり，外部への仕事量は閉曲線で囲まれた面積に相当する．サイクル(cycle)とは，熱機関内の作動流体が，途中様々な変化をしてまた元の状態に戻る過程をさす．作動流体(working fluid)とは，サイクルを行う装置の内部で熱の授受や体積膨張により仕事を発生する媒体となる流体のことである．

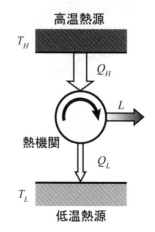

熱機関の性能を表す最も重要な指標として，次の式(4.1)で表される熱効率(thermal efficiency) η を用いる．

$$\eta = \frac{[正味の得られる仕事]}{[入力した熱量]} = \frac{L}{Q_H} \tag{4.1}$$

この関係は，L (J) を $\dot{L} = \mathrm{d}L/\mathrm{d}t$ (W)に，Q_H (J)を $\dot{Q}_H = \mathrm{d}Q_H/\mathrm{d}t$ (W)に置き換えることによって，単位時間あたりの表現で使うこともできる．熱力学の第1法則より

$$L = Q_H - Q_L \tag{4.2}$$

が成り立つから，式(4.1)に代入すれば熱効率は次のように表すことができる．

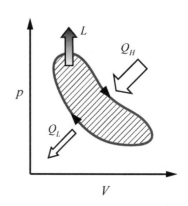

図4.1 熱機関の熱力学モデル化

$$\eta = \frac{Q_H - Q_L}{Q_H} = 1 - \frac{Q_L}{Q_H} < 1 \tag{4.3}$$

【例 4.1】ある原子力発電所が電気出力 110 万 kW (1.1 GW)，熱効率 33％で発電しているものとする．

(a) この原子力発電所を熱力学モデル化せよ（図 4.1 の上の図を描く）．

(b) $\dot{Q}_H$ と $\dot{Q}_L$ を求めよ．

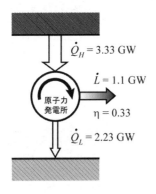

図 4.2　例 4.1 の原子力発電所の　熱
　　　　力学モデル

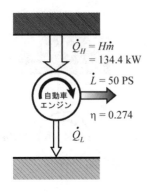

図 4.3　例 4.2 の自動車エンジンの熱
　　　　力学モデル

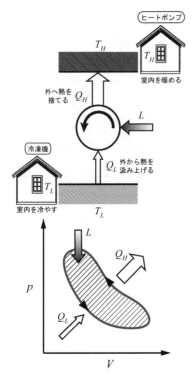

図 4.4　冷凍機とヒートポンプの熱
　　　　力学モデル化

【解 4.1】 (a) この原子力発電所を熱力学モデルで表すと図 4.2 のように
なる.

(b) 熱効率の定義式(4.1)より

$$\dot{Q}_H = \frac{\dot{L}}{\eta} = \frac{1.1 \times 10^9 \, \text{W}}{0.33} = 3.33 \, \text{GW}$$

また, 熱力学の第1法則(4.2)より

$$\dot{Q}_L = \dot{Q}_H - \dot{L} = 3.33 \, \text{GW} - 1.1 \, \text{GW} = 2.23 \, \text{GW}$$

となる.

【例 4.2】ある自動車のエンジンが 50 PS の出力を発生するために, 燃料
を 1 時間当たり 11 kg 消費しているとする. このエンジンの熱効率を求め
よ. ただし, この燃料の燃焼による発熱量は 4.4×10^7 J/kg とする.

【解 4.2】このエンジンを熱力学モデルで表すと図 4.3 のようになる. 燃
料が 1 時間燃焼して発生する熱量 $\dot{Q}_H$ は, 燃料の発熱量を H (J/kg), 1
時間に消費する燃料の質量を $\dot{m}$ (kg/h) として

$$\dot{Q}_H = H \times \dot{m} = \frac{4.4 \times 10^7 \, \text{J/kg} \times 11 \, \text{kg/h}}{3600 \, \text{s/h}} = 134.4 \, \text{kW}$$

熱効率の式(4.1)より

$$\eta = \frac{\dot{L}}{\dot{Q}_H} = \frac{50 \, \text{PS} \times 0.7355 \, \text{kW/PS}}{134.4 \, \text{kW}} = 0.274$$

従って, 熱効率は 27.4 % となる.

　熱機関を逆に作動させると, 図4.4に示したように低温の熱源から高温の熱
源へ熱を移動させることができる. 低温熱源から熱 Q_L を取り去る(冷す)目
的である場合は冷凍機(refrigerator)と呼び, 他方高温熱源へ熱 Q_H をくみ上げ
る(暖める)ことが目的である場合はヒートポンプ(heat pump)という. これ
らの装置は熱機関の逆サイクルなので, 外部から仕事 L を供給する必要があ
る. これは多くの場合はコンプレッサを動かすモータが消費する動力に相当
する. 冷凍機とヒートポンプの性能は, それぞれ次の式(4.4)および式(4.5)で
定義する動作係数(coefficient of performance : COP, 成績係数ともいう)によっ
て表される.

冷凍機　　　　: $\varepsilon_R = \dfrac{Q_L}{L} = \dfrac{Q_L}{Q_H - Q_L} = \dfrac{1}{Q_H/Q_L - 1}$ 　　　　(4.4)

ヒートポンプ : $\varepsilon_H = \dfrac{Q_H}{L} = \dfrac{Q_H}{Q_H - Q_L} = \dfrac{1}{1 - Q_L/Q_H}$ 　　　　(4.5)

2つの動作係数間には, 同一の Q_H, Q_L の場合以下のような関係が成り立つ.

$$\varepsilon_H = \varepsilon_R + 1 \tag{4.6}$$

【例 4.3】図 4.5 に示すようなスーパーマーケットの鮮魚売り場の冷蔵ショーケースで，内部の温度を −2 ℃ に保つために冷凍機を用いて 1.5 kW の熱を除去している．この冷凍機を作動させるために必要な動力が 1.2 kW である場合，

(a) 冷蔵ショーケース外への排出熱量 $\dot{Q}_H$ を求めよ．

(b) この冷凍機の COP を求めよ．

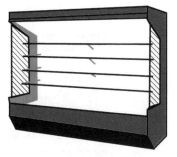

図4.5　例 4.3 の冷蔵ショーケース

【解 4.3】(a) この冷凍機を熱力学モデルで表すと図 4.6 のようになる．冷蔵ショーケース外に排出する熱量は，式(4.2)を用いて

$$\dot{Q}_H = \dot{L} + \dot{Q}_L = 1.2\ \text{kW} + 1.5\ \text{kW} = 2.7\ \text{kW}$$

となる．

(b) 冷凍機の COP ε_R の定義式(4.4)より

$$\varepsilon_R = \frac{\dot{Q}_L}{\dot{L}} = \frac{1.5}{1.2} = 1.25$$

となる．

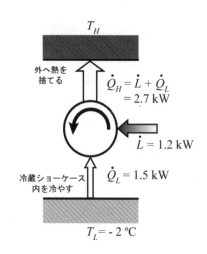

図 4.6　例 4.3 の冷蔵ショーケースの
熱力学モデル

【例 4.4】家を暖房して室内温度を 20 ℃ に保つために，ヒートポンプを利用している．外気の温度が −1 ℃ のある冬の日に，このヒートポンプを作動させたところ COP は 3.5 となり，家から外気への熱損失量は 5.2 kW であった（と測定された）．ヒートポンプが定常運転（室内温度が 20 ℃ で一定）であるとして，

(a) このヒートポンプで消費される電力を求めよ．

(b) −1 ℃ の外気から吸収する熱量を求めよ．

【解 4.4】(a) このヒートポンプを熱力学モデルで表すと図 4.7 のようになる．ヒートポンプが定常運転していれば，家からの損失熱量分に等しい熱量 $\dot{Q}_H$ をヒートポンプから供給すれば，室内温度は一定になる．従って，ヒートポンプの COP の定義式(4.5)より，必要な動力は

$$\dot{L} = \frac{\dot{Q}_H}{\varepsilon_H} = \frac{5.2\ \text{kW}}{3.5} = 1.49\ \text{kW}$$

と求められる．

(b) 外気から吸収する熱量 $\dot{Q}_L$ は，式(4.2)より

$$\dot{Q}_L = \dot{Q}_H - \dot{L} = 5.2\ \text{kW} - 1.49\ \text{kW} = 3.71\ \text{kW}$$

となる．

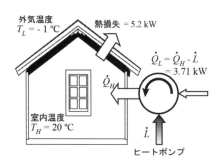

図4.7　例 4.4 のヒートポンプ

4・2　カルノーサイクルの性質 (characteristics of Carnot cycle)

カルノーサイクル(Carnot cycle)とは，熱機関の理論最大熱効率を考察するために，カルノーが直感的に導入した理想的な熱機関であり，熱機関のモデルとしては図4.8のように温度 T_H の高温熱源から熱量 Q_H を取り入れ，温度 T_L の低温熱源へ熱量 Q_L を捨てて外部へ仕事 L を得る．　カルノーサイクルは，次のような4つの可逆過程より構成される（図4.8の $p-V$ 線図参照）．

・1→2の過程：等温膨張（絶対温度 T_H (K)の熱源から熱量 Q_H を受ける）

・2→3の過程：断熱膨張

・3→4の過程：等温圧縮（絶対温度 T_L (K)の熱源に熱量 Q_L を捨てる）

・4→1の過程：断熱圧縮

　カルノーサイクルが同一の高温・低温熱源間で作動する熱機関の最大効率であり（理論最大熱効率），以下のように表される．

$$\eta_{\mathrm{Carnot}} = \eta_{\max} = 1 - \left(\frac{Q_L}{Q_H}\right)_{\mathrm{Carnot}} = 1 - \frac{T_L}{T_H} \qquad (4.7)$$

ここで，$(1 - T_L/T_H)$ はカルノー因子(Carnot factor)とも呼ばれる．

　逆カルノーサイクルによる冷凍機とヒートポンプの理論最大動作係数は，式(4.4)および式(4.5)に式(4.7)の関係を代入すれば次のようになる（図4.9参照）．

冷凍機　　　　：$\varepsilon_{\mathrm{R, Carnot}} = \varepsilon_{\mathrm{R, Max}} = \left(\frac{Q_L}{L}\right)_{\mathrm{Carnot}} = \frac{T_L}{T_H - T_L} = \frac{1}{T_H/T_L - 1}$ 　　(4.8)

ヒートポンプ：$\varepsilon_{\mathrm{H, Carnot}} = \varepsilon_{\mathrm{H, Max}} = \left(\frac{Q_H}{L}\right)_{\mathrm{Carnot}} = \frac{T_H}{T_H - T_L} = \frac{1}{1 - T_L/T_H}$ 　　(4.9)

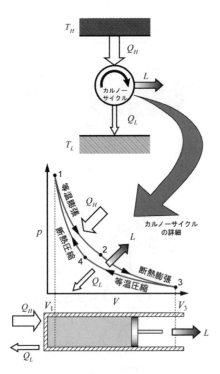

図4.8　カルノーサイクル

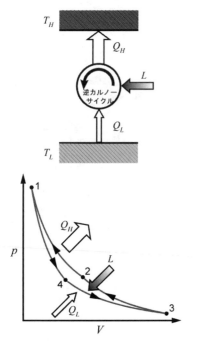

図4.9　逆カルノーサイクル

【例 4.5】あるカルノー機関が，1 サイクルあたり 600 ℃ の高温熱源から 400 kJ の熱量を受け取り，20 ℃ の低温熱源に排熱しているものとする．

(a) このカルノー機関の熱効率を求めよ．

(b) 　1 サイクルあたりの仕事の大きさを求めよ．

【解 4.5】(a) カルノーサイクルの熱効率の式(4.7)に，高温熱源と低温熱源の絶対温度を代入すれば

$$\eta_{\mathrm{Carnot}} = 1 - \frac{T_L}{T_H} = 1 - \frac{20 + 273.15 \, \mathrm{K}}{600 + 273.15 \, \mathrm{K}} = 0.664$$

従って，熱効率は 66.4%になる．

(b) 式(4.1)，(4.7)より

$$\eta_{\mathrm{Carnot}} = \frac{L}{Q_H}$$

だから

$$L = Q_H \times \eta_{\mathrm{Carnot}} = 400 \, \mathrm{kJ} \times 0.6643 = 266 \, \mathrm{kJ}$$

となる．

【例 4.6】カルノーサイクルにおいて，高温熱源の温度 T_H を高くするかあるいは低温熱源の温度 T_L を低くすることによって，その熱効率を向上させることが出来る．どちらのほうが，効果的に効率を向上できるか．（図 4.10 参照）

【解 4.6】カルノーサイクルの熱効率の式(4.7)

$$\eta_{\text{Carnot}} = 1 - \frac{T_L}{T_H}$$

より，T_H あるいは T_L を変化させた場合の効率変化は，以下の偏微分で与えられる．

$$\left(\frac{\partial \eta_{\text{Carnot}}}{\partial T_H}\right)_{T_L} = \frac{T_L}{T_H{}^2}$$

$$\left(\frac{\partial \eta_{\text{Carnot}}}{\partial T_L}\right)_{T_H} = -\frac{1}{T_H}$$

従って，上の式の比を計算することによって

$$\frac{[T_L を下げることによる効率向上]}{[T_H を上げることによる効率向上]} = \frac{-\left(\frac{\partial \eta_{\text{Carnot}}}{\partial T_L}\right)_{T_H}}{\left(\frac{\partial \eta_{\text{Carnot}}}{\partial T_H}\right)_{T_L}} = \frac{T_H}{T_L} > 1$$

故に，T_L を下げるほうが理論上は効果的である．しかし現実の熱機関では，低温熱源は環境温度でありそれを下げることは難しく，T_H を上げることによって効率向上させている．

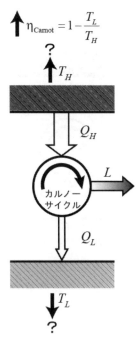

図 4.10　例 4.6 のカルノー機関：効率向上には $T_H \uparrow$ と $T_L \downarrow$ のどちらが効果的か

【例 4.7】図 4.11 のような太陽熱発電システムの可能性について考えてみる．集光パネルは快晴時に $1\,\text{m}^2$ あたり $0.3\,\text{kW}$ の太陽エネルギーを受け，蓄熱媒体の温度を $500\,°\text{C}$ に保つことができるものとする．熱機関は，この蓄熱媒体を高温熱源，そして周囲の大気温度 $25\,°\text{C}$ を低温熱源としてサイクルを行い，110 万 kW の電力を発生できるものとする．

(a) この太陽熱発電システムを稼動させるために必要な，集光パネルの理論最小面積（正方形としたときの一辺の長さ）を求めよ．

(b) 現実には，太陽光が集光パネルに十分に受けられるのは年間の 20% であり，またサイクルの熱効率もカルノーサイクルの 1/3 と考えられる．現実に必要な集光パネルの面積を求めよ．

【解 4.7】(a) この太陽熱発電システムがカルノーサイクルで稼動するとした場合に効率が最大になり，一定の出力を得るために必要な集光パネル面積が最小 $A_{\min}$ になる．このシステムのカルノー効率は

$$\eta_{\text{Carnot}} = 1 - \frac{T_L}{T_H} = 1 - \frac{25 + 273.15\,\text{K}}{500 + 273.15\,\text{K}} = 0.6144$$

従って $A_{\min}$ は以下の式を満たす必要がある．

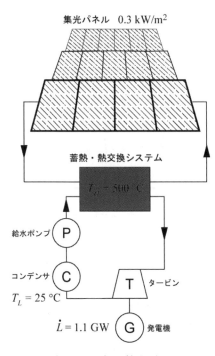

集光パネル　$0.3\,\text{kW/m}^2$

蓄熱・熱交換システム

$T_H = 500\,°\text{C}$

給水ポンプ　P

コンデンサ　C

$T_L = 25\,°\text{C}$

T　タービン

$\dot{L} = 1.1\,\text{GW}$　G　発電機

図4.11　例 4.7 の太陽熱発電システム

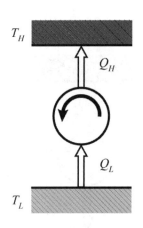

図4.12　第2法則に反する装置（クラウジウスの表現を図にしたもの）

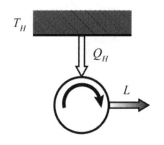

図4.13　第2法則に反する装置（ケルビン・プランクの表現を図にしたもの）

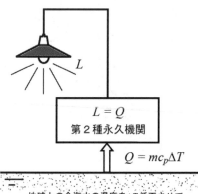

地球上の全海水の温度をΔT低下させてその内部エネルギー減少をすべて仕事に変換できると仮定する

図4.14　例4.9の第2種永久機関（海水の内部エネルギーを温度差なしに仕事に変換できるとしたら。。。）

$$A_{min}\,(m^2)\times 0.3\times 10^3\ W/m^2\times\eta_{Carnot}=1.1\times 10^9\ W$$

故に一辺正方形の最小長さをL_{min}とすれば

$$A_{min}=L_{min}{}^2=5.968\times 10^6\ m^2\quad\therefore\ L_{min}=2.44\ km$$

(b) この条件で現実に必要な面積をA_{real}すれば

$$A_{real}=\frac{A_{min}}{0.2\times(1/3)}=8.952\times 10^7\ m^2\quad\therefore\ L_{real}=9.46\ km$$

＊太陽電池を用いた太陽光発電と効率や発電量等について比較すると，それぞれの発電方式の長所短所が定量的に理解できる．

4・3　閉じた系の第2法則 (the second law for closed systems)

「閉じた系のサイクルに適用した」熱力学第2法則には，以下の2つの等価な表現がある．

・クラウジウスの表現：自然界に何らの変化を残さないで，熱を低温から高温の物体へ継続して移動させる装置を作ることは不可能である（図4.12参照）．

・ケルビン・プランクの表現：自然界に何らの変化を残さないで一定温度の熱源の熱を継続して仕事に変換する装置を作ることは不可能である（図4.13参照）．

ケルビン・プランクによる第2法則の表現を否定する機械，いい換えれば，物体のもつ内部エネルギーを温度差なしにすべて仕事に変換する機械を，第2種永久機関(perpetual motion of the second kind)という（図4.14参照）．

【例 4.8】熱力学の第1法則は満たすが，閉じた系の熱力学の第2法則には反する仮想的な過程の例を挙げよ．

【解 4.8】例えば，高温の物体と低温の物体を断熱容器内で接触させる過程を考える．自然には，高温物体から低温物体へ等しい量の熱が移動し，十分時間が経過すれば2つの物体の温度は等しくなり，第2法則に反しない．しかし，低温物体から高温物体に等しい量の熱が移動する仮想的な過程は，第1法則は満たすが第2法則には反し，現実にはあり得ない．

【例 4.9】もし第2種永久機関を作ることが可能だとすると，地球上にある莫大な量の海水の内部エネルギーを100％仕事に変換して，人類が必要なエネルギーを賄うことができる．2006年の世界の一次エネルギー消費は，4.92×10^{20} J（117.4億トン（石油換算））であるが，このエネルギー量を第2種永久機関を使って発生するには，1年間に海水の温度を何度下げれば良いか求めよ．ただし，地球上の全海水の質量は1.41×10^{21} kgであり，海水の定圧比熱は水のそれに等しく4.18 kJ/(kg·K)であるとする（図4.13，4.14参照）．

【解 4.9】海水の温度低下を ΔT (K) とすれば，第 1 法則より（仮想的な）第 2 種永久機関が受け取る熱量 Q (J) は，海水の全質量を m (kg) として

$$Q = mc_P \Delta T$$

となる．第 2 種永久機関を想定しているので，熱量が 100%仕事に変換されるため

$$L = Q$$

となる．L は 2006 年の世界の一次エネルギー消費量である．

従って

$$\Delta T = \frac{L}{mc_P} = \frac{4.92 \times 10^{20} \text{ J}}{1.41 \times 10^{21} \text{ kg} \times 4.18 \times 10^3 \text{ J/(kg·K)}} = 8.35 \times 10^{-5} \text{ K}$$

となる．わずか 8.35×10^{-5} K だけ冷却することによって減少する海水の内部エネルギーが，2006 年の世界の 1 次エネルギー消費量に等しいことになる．

注：これは現実にはあり得ないことであるが，海水の内部エネルギーの膨大さや，第 2 法則の意味を噛みしめるのに役立つ．

4・4 エントロピー (entropy)

エントロピー(entropy) S は状態量であり，次式のように定義される．

$$dS = \frac{\delta Q_{\text{rev}}}{T} \quad \text{(J/K)} \tag{4.10}$$

添え字の rev は reversible（可逆）を示し，一般的な不可逆過程と区別している．式(4.10)を最初の平衡状態1から最後の平衡状態2まで積分すれば，以下のような可逆過程でのエントロピー変化量が計算できる．

$$S_2 - S_1 = \int_1^2 \frac{\delta Q_{\text{rev}}}{T} \tag{4.11}$$

式(4.11)で，温度 T は絶対温度で常に正なので，系に熱が入ってくればエントロピーは増加し，反対に熱が放出されればエントロピーは減少する．エントロピーは物質の量に比例する示量性状態量なので，比エントロピー(specific entropy) s を，質量 m (kg) の物質の単位質量あたりのエントロピーとして以下のように定義できる．

$$s = \frac{S}{m} \quad \text{(J/kg·K)} \tag{4.12}$$

【例 4.10】(a) 魔法瓶の中に氷が 2 kg 入っているとする（図 4.15 参照）．この魔法瓶の断熱は完全ではないので，氷はゆっくり溶けて水になっていくが，この時の魔法瓶内の温度は 0 ℃で一様とみなすことが出来る．このような氷の融解過程に伴う系のエントロピー変化を求めよ．また比エントロピー変化も求めよ．ただし，大気圧における氷の融解潜熱は 333.8 kJ/kg とする．

(b) (a)と同様の考え方で，2 kg の水が 100 ℃で蒸発して水蒸気になる場合のエントロピー変化を求めよ．また比エントロピー変化も求めよ．ただし，100℃，1atm の水の蒸発潜熱は 2256 kJ/kg とする．

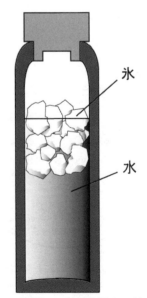

図 4.15 例題 4.10 魔法瓶中の氷の融解によるエントロピー変化

【解 4.10】 (a) このような氷の融解過程では，図 4.15 で示した系内部は等温で可逆と近似でき，式(4.11)によって系内のエントロピー変化を求めることが出来る．式(4.11)で最初の平衡状態 1 を氷(sol)，最後の平衡状態 2 が水(liq)に対応し，境界面の温度は 0 °C で一定と考えられるので，

$$\Delta S_{\text{fusion}} = S_{\text{liq}} - S_{\text{sol}} = \int_{\text{sol}}^{\text{liq}} \frac{\delta Q_{\text{rev}}}{T} = \frac{\Delta H_{\text{fusion}} \times m}{T}$$

$$= \frac{333.8\ \text{kJ/kg} \times 2\ \text{kg}}{273.15\ \text{K}} = 2.44\ \text{kJ/K}$$

となる．比エントロピー変化は，上式を系の質量で割ればよいので

$$\Delta s_{\text{fusion}} = \frac{\Delta S_{\text{fusion}}}{m} = \frac{2.44\ \text{kJ/K}}{2\ \text{kg}} = 1.22\ \text{kJ/(kg·K)}$$

(b) 水の蒸発過程も(a)の融解過程と同様に可逆過程と考えれば，蒸発による系内のエントロピー変化は次のようになる．

$$\Delta S_{\text{vap}} = S_{\text{vap}} - S_{\text{liq}} = \int_{\text{liq}}^{\text{vap}} \frac{\delta Q_{\text{rev}}}{T} = \frac{\Delta H_{\text{vap}} \times m}{T}$$

$$= \frac{2256\ \text{kJ/kg} \times 2\ \text{kg}}{373.15\ \text{K}} = 12.1\ \text{kJ/K}$$

比エントロピー変化は

$$\Delta s_{\text{vap}} = \frac{\Delta S_{\text{vap}}}{m} = \frac{12.1\ \text{kJ/K}}{2\ \text{kg}} = 6.05\ \text{kJ/(kg·K)}$$

(a)と(b)の結果より，水の蒸発は融解の場合に比べ約 5 倍もエントロピー変化が大きいことがわかる．また，Δs_{vap} は飽和蒸気と飽和液の比エントロピーの差 $s'' - s' = r/T$ である（「熱力学」p-148 の式(9.7)参照）．

閉じた系における不可逆性の度合いを定量的に示すエントロピー生成 (entropy generation あるいは entropy production) S_{gen} は以下のように定義される．（図4.16参照）

$$S_{\text{gen}} \quad = \quad (S_2 - S_1) \quad - \quad \int_1^2 \frac{\delta Q}{T} \quad \geq \quad 0 \quad (\text{J/K})$$

エントロピー生成　　　エントロピー変化量　　　エントロピー輸送量　　　　　　　　(4.13)

非状態量　　　　　　　状態量　　　　　　　非状態量

あるいは

$$\mathrm{d}S_{\text{gen}} = \mathrm{d}S - \frac{\delta Q}{T} \tag{4.14}$$

式(4.13)からわかるように，エントロピー生成は常に正で，系内に生じる不可逆の程度を定量的に表し，極限の可逆過程ではゼロになる．熱力学の第2法則を，エントロピー生成の概念を使って一般的に表現すると次のようになる．

あらゆる不可逆過程において $S_{\text{gen}} > 0$ であり，可逆過程においてのみ $S_{\text{gen}} = 0$ となりエントロピーは一定であり保存される．$S_{\text{gen}} < 0$ は起こり得ない．

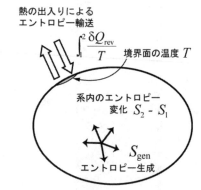

熱の出入りによる
エントロピー輸送

$\int_1^2 \dfrac{\delta Q_{\text{rev}}}{T}$

境界面の温度 T

系内のエントロピー
変化 $S_2 - S_1$

S_{gen}
エントロピー生成

図4.16　閉じた系のエントロピー生成とエントロピー輸送

4・4　エントロピー

$$S_{\text{gen}} > 0 \quad :\text{不可逆過程（すべての実現象）}$$
$$S_{\text{gen}} = 0 \quad :\text{可逆過程（理想化された現象）} \tag{4.15}$$

S_{gen} は負にはならないが，系内のエントロピー変化は式(4.13)を見てわかるように熱流に伴うエントロピー輸送があるため，正にも負にもなるということである．つまり

$$(S_2 - S_1) : \begin{cases} > 0 \\ = 0 \\ < 0 \end{cases} \tag{4.16}$$

である．

さらにエネルギーも物質もやりとりしない孤立系(isolated system)に式(4.13)を適用すれば，熱移動に伴うエントロピー輸送の右辺第2項がゼロになるから，

$$S_2 - S_1 = S_{\text{gen}} \geq 0 \quad :\text{孤立系} \tag{4.17}$$

が得られる．すべての現実の過程ではエントロピーが生成される．このことを，エントロピー増加の原理あるいはエントロピー最大の原理(the principle of entropy increase or the entropy maximum principle)と呼ぶ．

エネルギーも物質も出入りする開いた系（図4.17）に適用できるエントロピーバランス式は次のようになる．

$$\dot{S}_{\text{gen}} = \frac{dS}{dt} - \sum_i \frac{\dot{Q}_i}{T_i} + \sum_{\text{out}} \dot{m}s - \sum_{\text{in}} \dot{m}s \geq 0 \quad (\text{W/K}) \tag{4.18}$$

左辺は系内での単位時間あたりのエントロピー生成量，右辺第1項は系内でのエントロピー変化割合，右辺第2項は，熱の出入りによるエントロピー輸送割合，右辺第3・4項は質量流量 $\dot{m}$ の物質の出入りに伴う正味のエントロピー排出割合である．式(4.18)は，これまで導いてきた様々な系に適用できる第2法則（エントロピーバランス式）をすべて含んでいる．

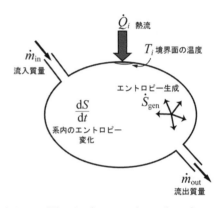

図 4.17　開いた系のエントロピーバランス

【例 4.11】図 4.18 で示したように，1000 K の高温熱源が 3000 kJ の熱量を失う場合，低温熱源の温度が，(a) 300 K と(b) 500 K では，どちらの伝熱過程のほうが不可逆性が小さいか．

【解 4.11】ここで考えている系は，2 つの熱源を合わせた複合系である．この過程は有限温度差による伝熱で不可逆であるが，2 つの熱源は熱力学的モデルなので，それぞれの熱源は内部可逆つまりエントロピー生成はないと考える．エントロピーが生成されるのは，図 4.18 で示したように，温度がジャンプする仮想の透熱壁である．従って，それぞれの熱源のエントロピー変化は，式(4.10)の可逆過程の式を用いればよい．

(a) 低温熱源の温度が 300K の場合は

$$\Delta S_{T_H} = -\frac{Q}{T_H} = -\frac{3000\,\text{kJ}}{1000\,\text{K}} = -3\,\text{kJ/K}$$

$$\Delta S_{T_L} = \frac{Q}{T_L} = \frac{3000\,\text{kJ}}{300\,\text{K}} = 10\,\text{kJ/K}$$

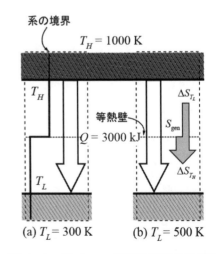

図 4.18　例 4.11　有限温度差の伝熱過程におけるエントロピー生成

系全体の不可逆過程によるエントロピー生成量は，式(4.13)を用いて，右辺第2項は系の境界を出入りする熱量がないためゼロになり，

$$S_{gen} = S_2 - S_1 = \Delta S_{total} = \Delta S_{T_H} + \Delta S_{T_L} = -3 + 10 = 7 \text{ kJ/K}$$

(b) 低温熱源の温度が 500 K の場合も(a)と同様に考えれば

$$\Delta S_{T_H} = -\frac{Q}{T_H} = -\frac{3000 \text{ kJ}}{1000 \text{ K}} = -3 \text{ kJ/K}$$

$$\Delta S_{T_L} = \frac{Q}{T_L} = \frac{3000 \text{ kJ}}{500 \text{ K}} = 6 \text{ kJ/K}$$

しかがって

$$S_{gen} = S_2 - S_1 = \Delta S_{total} = \Delta S_{T_H} + \Delta S_{T_L} = -3 + 6 = 3 \text{ kJ/K}$$

故に，(b)の低温熱源の温度が 500K で，温度差が小さいほうが不可逆性が小さい．温度差がゼロの極限でエントロピー生成はゼロになり可逆過程（等温熱輸送）になる．

4・5 エントロピーの利用 (use of entropy for engineering applications)

純物質 m (kg)で構成される閉じた系に対して，可逆過程における第1，第2法則を組み合わせると

$$T\mathrm{d}S = \mathrm{d}U + p\mathrm{d}V \tag{4.19}$$

$$T\mathrm{d}S = \mathrm{d}H - V\mathrm{d}p \tag{4.20}$$

のようにギブスの式(Gibbs equation)が得られる．

2つの式を比エントロピーの形で表示すると

$$\mathrm{d}s = \frac{\mathrm{d}u}{T} + \frac{p\mathrm{d}v}{T} \tag{4.21}$$

$$\mathrm{d}s = \frac{\mathrm{d}h}{T} - \frac{v\mathrm{d}p}{T} \tag{4.22}$$

となる．比熱が温度に依存せず一定とした理想気体の場合には

$$pv = RT, \quad \mathrm{d}u = c_v\mathrm{d}T, \quad \mathrm{d}h = c_p\mathrm{d}T \tag{4.23}$$

の関係が成立するので，これらを式(4.21)および式(4.22)に代入して，積分できる形にすれば，それぞれ次の式(4.24)および式(4.25)になる．

$$\mathrm{d}s = c_v\frac{\mathrm{d}T}{T} + R\frac{\mathrm{d}v}{v} \tag{4.24}$$

$$\mathrm{d}s = c_p\frac{\mathrm{d}T}{T} - R\frac{\mathrm{d}p}{p} \tag{4.25}$$

初期状態(1)から終状態(2)まで（end-to-end process）式(4.24)および式(4.25)をそれぞれ積分すれば

$$\Delta s = c_v\int_1^2\frac{\mathrm{d}T}{T} + R\int_1^2\frac{\mathrm{d}v}{v}$$
$$= s_2(T_2, v_2) - s_1(T_1, v_1) = c_v\ln\left(\frac{T_2}{T_1}\right) + R\ln\left(\frac{v_2}{v_1}\right) \quad (\text{J/(kg·K)}) \tag{4.26}$$

$$\Delta s = c_p \int_1^2 \frac{\mathrm{d}T}{T} - R \int_1^2 \frac{\mathrm{d}p}{p}$$

$$= s_2(T_2, p_2) - s_1(T_1, p_1) = c_p \ln\left(\frac{T_2}{T_1}\right) - R \ln\left(\frac{p_2}{p_1}\right) \quad (\mathrm{J/(kg \cdot K)}) \tag{4.27}$$

となり，これらが理想気体が初期状態 (p_1, v_1, T_1) から終状態 (p_2, v_2, T_2) に変化した場合の比エントロピー変化量を表す式である．

【例 4.12】 コンプレッサ（圧縮機）を用いて，0.1 MPa，20℃の空気を圧縮して，0.7 MPa，120℃にした．この圧縮過程における空気のエントロピー変化を計算せよ（図 4.19 参照）．ただし，空気は理想気体とし，$c_p = 1.00\,\mathrm{kJ/(kg \cdot K)}$，$R = 0.286\,\mathrm{kJ/(kg \cdot K)}$ とする．

【解 4.12】理想気体のエントロピー変化の式(4.27)に初期状態と最終状態の数値を代入すれば次のようになる．

$$\Delta s = c_p \ln\left(\frac{T_2}{T_1}\right) - R \ln\left(\frac{p_2}{p_1}\right) = 1.00 \times \ln\left(\frac{120+273.15}{20+273.15}\right) - 0.286 \times \ln\left(\frac{0.7}{0.1}\right)$$

$$= -0.263\,\mathrm{kJ/(kg \cdot K)}$$

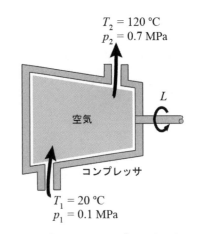

図 4.19　例 4.12　コンプレッサによる圧縮過程におけるエントロピー変化

【例 4.13】 「熱力学」第 3 章の 3.6.3「理想気体の準静的過程」で，可逆断熱変化（あるいは等エントロピー変化）の式(3.83)，(3.84)，(3.85)を導いた．これらの導出過程ではエントロピーについては触れていなかった．等エントロピー変化とは，過程の最初と最後でエントロピーの変化が無い変化のことである．理想気体のエントロピー変化の式(4.26)と(4.27)から出発して，等エントロピー変化の式を導け．

【解 4.13】理想気体のエントロピー変化の式(4.26)でエントロピー変化をゼロとおけば

$$\ln\left(\frac{T_2}{T_1}\right) = -\frac{R}{c_v} \ln\left(\frac{v_2}{v_1}\right)$$

式を変形すれば

$$\ln\left(\frac{T_2}{T_1}\right) = \ln\left(\frac{v_1}{v_2}\right)^{R/c_v}$$

ここで理想気体であるから，$R/c_v = (c_p - c_v)/c_v = \kappa - 1$

従って

$$\left(\frac{T_2}{T_1}\right) = \left(\frac{v_1}{v_2}\right)^{\kappa-1} \quad \text{あるいは} \quad Tv^{\kappa-1} = \text{定数} \quad \text{は式(3.84)である．}$$

また同様にして，式(4.32)のエントロピー変化をゼロとおけば

$$\left(\frac{T_2}{T_1}\right) = \left(\frac{p_2}{p_1}\right)^{(\kappa-1)/\kappa} \quad \text{あるいは} \quad T/p^{(\kappa-1)/\kappa} = \text{定数} \quad \text{は式(3.85)である.}$$

上記の2つの式を等値すれば

$$\left(\frac{p_2}{p_1}\right) = \left(\frac{v_1}{v_2}\right)^{\kappa} \quad \text{あるいは} \quad pv^{\kappa} = \text{定数} \quad \text{これは式(3.83)である.}$$

固体や液体の場合は，温度や圧力を変えた際の体積変化が気体に比べ無視できるほど小さいため（非圧縮），$dv = 0$，つまり定圧比熱と定積比熱の区別の必要はなくなり $c = c_v = c_p$ となる．これらを式(4.24)に代入すれば

$$ds = c\frac{dT}{T} \tag{4.28}$$

となる．比熱が温度の関数でなく一定として式(4.28)を積分すれば，次の式(4.29)が得られる．

$$\Delta s = c\int_1^2 \frac{dT}{T} = s_2(T_2) - s_1(T_1) = c\ln\left(\frac{T_2}{T_1}\right) \quad (\text{J/(kg·K)}) \tag{4.29}$$

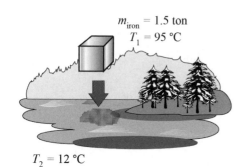

$$m_{\text{iron}} = 1.5 \text{ ton}$$
$$T_1 = 95\,℃$$

$$T_2 = 12\,℃$$

図 4.20　例 4.14 巨大な湖に高温の鉄塊を投げ込んだ場合のエントロピー変化

【例 4.14】水温が 12 ℃の巨大な湖に，重さ 1.5 ton で温度が 95 ℃の鉄塊が投げ込まれた．この鉄塊の温度は十分な時間が経過したあとには，湖水と同じ温度になる．この伝熱過程による，(a) 鉄塊のエントロピー変化量，(b) 湖水のエントロピー変化量，(c) エントロピー生成量，を計算せよ．ただし，この鉄塊の比熱を 0.50 kJ/(kg·K) で一定と仮定する（図4.20 参照）．

【解 4.14】水も鉄も非圧縮として扱うことができ，かつ湖水の温度は 12 ℃で一定であると仮定する．
(a) 鉄塊のエントロピー変化 ΔS_{iron} は，式(4.29)を用いて以下のように計算できる．

$$\Delta S_{\text{iron}} = m_{\text{iron}}\Delta s_{\text{iron}} = m_{\text{iron}}c_{\text{iron}}\ln(T_2/T_1)$$
$$= 1500\,\text{kg}\times 0.50\,\text{kJ/(kg·K)}\times\ln((12+273.15)/(95+273.15))$$
$$= -191.6\,\text{kJ/K}$$

(b) 湖水の温度はこの過程で変化しないと仮定している．したがって，湖水に鉄塊から移動した熱量により，式(4.11)を使って計算する．

$$\Delta S_{\text{lake}} = \int_1^2 \frac{\delta Q_{\text{rev}}}{T} = \frac{m_{\text{iron}}c_{\text{iron}}(T_1 - T_2)}{T_1}$$

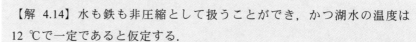

$$= \frac{1500\,\text{kg}\times 0.50\,\text{kJ/(kg·K)}\times(95-12)\,\text{K}}{(12+273.15)\,\text{K}} = 218.3\,\text{kJ/K}$$

(c) この過程でのエントロピー生成量は，湖と鉄塊を閉じた系と考えれば，式(4.13)を適用して，系外からの熱や物質の輸送によるエントロピー変化は無いので

$$S_{\text{gen}} = S_2 - S_1 = \Delta S_{\text{iron}} + \Delta S_{\text{lake}} = -191.6 + 218.3 = 26.7 \text{ kJ/K}$$

【例 4.15】図 4.21 に示すような十分長いパイプ内に，20 ℃の水を 5.0 kg/s の流量で定常的に流しているものとする．パイプの入り口で水の圧力は 0.50 MPa で，出口では 0.48 MPa であり，水の温度は 20 ℃で一定であるとする．

(a) 開いた系のエントロピーバランス式(4.18)を用いて，このパイプ内の流れによる（流体の粘性抵抗による）エントロピー生成を計算する式を導け．

(b) この系のエントロピー生成量を計算せよ．ただし 20℃の水の密度は 996.6　kg/m³ とする．

(c) この粘性抵抗による損失エネルギーは熱になり，水の温度を上昇させているはずである．水の比熱を 4.18 kJ/(kg・K) として，温度上昇は何度か求めよ．

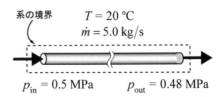

図4.21　例4.15 定常管内流れの粘性抵抗によるエントロピー生成

【解 4.15】(a) 開いた系のエントロピーバランスの式(4.18)において，系を図 4.21 のように設定すると，右辺第 1 項は定常状態のためゼロとなり，第 2 項も熱の出入りが無いと仮定できるためゼロになる．従って，

$$\dot{S}_{\text{gen}} = \dot{m}\left(s_{\text{out}} - s_{\text{in}}\right)$$

このエントロピー生成の原因は流体と管壁との粘性抵抗による不可逆過程である．次に管の入口と出口の水のエントロピーを求めるために，定常流れ系のエネルギー保存式(3.37)（「熱力学」p-28）において，$w_2 = w_1$，$z_2 = z_1$，また $\dot{Q}_{12} = \dot{L}_{12} = 0$ を代入すれば，$h_2 = h_1$ となる．この式を比エンタルピーを使ったギブスの式(4.22)に代入し，さらに上式に代入すれば

$$\dot{S}_{gen} = \dot{m}\int_{\text{in}}^{\text{out}}\left(-\frac{v}{T}\right)dp$$

さらに，この過程で密度と温度は一定と考えてよいので

$$\dot{S}_{\text{gen}} = \frac{\dot{m}v}{T}\left(p_{\text{in}} - p_{\text{out}}\right) = \frac{\dot{m}\Delta p}{\rho T} \quad (\text{W/K})$$

となる．ここで $\Delta p \equiv p_{\text{in}} - p_{\text{out}}$ である．

(b) (a)で導いた式に数値を代入すれば

$$\dot{S}_{\text{gen}} = \frac{\dot{m}\Delta p}{\rho T} = \frac{5.0 \text{ kg/s} \times 0.02 \text{ MPa}}{996.6 \text{ kg/m}^3 \times 293.15 \text{ K}} = 0.342 \text{ W/K}$$

(c) 非圧縮性物質のエントロピー変化の式(4.29)もこの過程に適用できるので

$$\dot{S}_{\text{gen}} = \dot{m}c\ln\left(T_{\text{out}}/T_{\text{in}}\right)$$

(b)で計算したエントロピー生成量に等しくなる T_{out} を計算すると

$$\frac{T_{out}}{T_{in}} = \exp\left(\frac{\dot{S}_{gen}}{\dot{m}c}\right) = \exp\left(\frac{0.342\ \text{W/K}}{0.50\ \text{kg/s} \times 4.18 \times 10^3\ \text{J/(kg·K)}}\right) = 1.000164$$

従って，温度上昇 ΔT は

$$\Delta T = T_{out} - T_{in} = 0.000164 \times 293.15\ \text{K} = 0.048\ \text{K}$$

と非常に小さい．

===== 練習問題 ========================

【4・1】In order to meet the increasing demand for electric power without increasing CO_2 emissions from power plants, the utilization of Integrated Gasification Combined Cycle (IGCC) plants is one of the possibilities. In an IGCC plant, coal is gasfied while the sulfur and particulates in the coal are removed. Then, the coal gas is burned in gas turbines to generate electric power, and part of the waste heat from the exhaust gases is recovered to generate steam for steam turbines. Therefore, IGCC technology improves thermal efficiency while lowering emissions. An IGCC plant with a power output of 250 MW consumes coal at a rate of 62 tons/h. If the heating value of coal is 30 MJ/kg, determine the thermal efficiency of this IGCC plant and compare the result with that of a conventional pulverized coal power plant.

【4・2】カルノーサイクルを $T-S$ 線図上に描きなさい（図 4.8 の $p-V$ 線図と対応させて）．そして図中に Q_H, Q_L, L に等しい領域を示せ．

【4・3】図4.22に示したようなエアコンが，夏の室内温度を冷やすために使用されている．室内から除去する熱量は，家の窓・屋根・壁から侵入してくる熱伝達量 $\dot{Q}_{leak}$ に等しいと考えることが出来る．

(a) 室内温度を25℃に保つとして，このエアコンの最小消費電力 $\dot{L}_{min}$ が，外気温度30℃場合と35℃の場合でどれだけ違うか比較せよ．

(b) 外気温度が35℃の場合に，室内温度を25℃に設定する（保つ）場合と，3℃だけ設定温度を上げて28℃に保つ場合で，エアコンの最小消費電力がどれくらい減るか求めよ．

(c) (a)と(b)の結果より，夏の外気温度とエアコンを利用する場合の室内設定温度が，CO_2 排出量を減らすためにいかに重要か定量的に考察せよ．

【4・4】A scientist applies for a patent in which he claims to have developed a heat-pump system that maintains the room temperature at 25℃ when the outside temperature is −10℃ and has a COP of 10. Verify the validity of this patent.

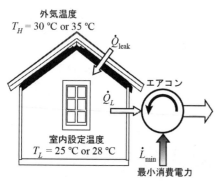

外気温度
T_H = 30 ℃ or 35 ℃

$\dot{Q}_{leak}$

エアコン

$\dot{Q}_L$

室内設定温度
T_L = 25 ℃ or 28 ℃

$\dot{L}_{min}$
最小消費電力

図 4.22　問題 4.3 エアコンの最小消費電力は外気温度や室内設定温度でどう変わるか

【4・5】Determine the change in specific entropy in $kJ/(kg \cdot K)$ between the initial (1) and final (2) state in the following.

(a) Air as an ideal gas at, $T_1 = 20\,°C$, and $p_1 = 0.1\,MPa$ and at $T_2 = -40\,°C$, and $p_2 = 0.2\,MPa$, assuming the specific heat of air at constant pressure is $c_p = 1.00\,kJ/(kg \cdot K)$ and the gas constant of air is $R = 0.286\,kJ/(kg \cdot K)$.

(b) Hydrogen as an ideal gas, at $T_1 = 300\,°C$ and, $p_1 = 1\,Mpa$, and at $T_2 = 500\,°C$ and, $p_1 = 2\,MPa$, assuming the specific heat of hydrogen at constant pressure is $c_p = 14.32\,kJ/(kg \cdot K)$ and the gas constant of hydrogen is $R = 4.124\,kJ/(kg \cdot K)$.

(c) Water at, $T_1 = 150\,°C$ as saturated vapor and $T_2 = 150\,°C$ as saturated liquid.

(d) Super-heated steam, at $T_1 = 800\,°C$ and, $p_1 = 1.5\,MPa$, and at $T_2 = 200\,°C$, and $p_2 = 0.02\,MPa$.

【4・6】地表に対して 5 千万ボルトの電位差を持つ雷雲から稲妻が発生し，落雷した．その継続時間は 0.3 秒で，平均電流は 10 万アンペアであった．この雷の（放電）エネルギーが最終的にはすべて熱エネルギーに散逸すると仮定して，大気温度が 30 °C の時のこの雷によるエントロピー生成量を計算せよ．

【4・7】地震の時に開放されるエネルギーは，次のような式（Gutenberg-Richter の式[文献 1]）で推定することが出来る．

$$\log E_S = 1.5 M_S + 11.8$$

この式は，地震の大きさを表すマグニチュードが M_S の場合における開放されるエネルギーの大きさを E_S (erg) で表示したものである．関東大震災のマグニチュードは 7.9 といわれているが，この地震によるエントロピー生成量を計算せよ．ただし，震源深さ 23 km の地殻の温度は 450 °C とする．

第 4 章の文献
(1)　岩波書店，岩波地球科学選書，地球，上田誠也・水谷仁編.

第5章

エネルギー有効利用とエクセルギー

Effective Utilization of Energy Resource and Exergy

5・1 仕事を発生する潜在能力：最大仕事の考え方 (ability to generate work : maximum work)

熱機関の場合は，理論的に最高の変換効率であっても，一部の熱を低温熱源に捨てる必要があるため，熱機関に与えた熱量 Q_H にカルノー効率を乗じた量しか仕事として利用できない．この時得られる仕事の最大値を L_{max} とすれば，式(4.1)および式(4.7)より次のように表現できる．

$$L_{max} = L_{Carnot} = Q_H \eta_{Carnot} = Q_H \left(1 - \frac{T_L}{T_H} \right) \tag{5.1}$$

カルノー効率は，熱機関内の摩擦や伝熱等による損失が全く無い可逆過程の場合に成立し，様々な不可逆過程による損失がある現実の仕事量 L は，最大値より必ず小さくなる．

$$L < L_{max} \tag{5.2}$$

最大値と実際に得られる仕事量の差 L_{lost} が，熱機関の不完全さによるエネルギーの損失を表している．

$$L_{lost} = L_{max} - L > 0 \tag{5.3}$$

エクセルギー(exergy)とは，周囲と非平衡にある系が周囲と接触し平衡状態に達するまでに発生可能な最大仕事(maximum work) L_{max} のことである（理論最大仕事(maximum theoretical work)とも言う）．エクセルギーと同じ内容を表現する言葉はいろいろあり，有効エネルギー(available energy, availability)も良く使われる．また，全エネルギーからエクセルギーを引いた利用不可能なエネルギーを無効エネルギー(unavailable energy, あるいは anergy, **アネルギー**)と呼ぶこともある．エクセルギーの概念が役に立つのは，熱，圧力，化学反応を仕事に変換する場合であり，運動エネルギー，位置エネルギー，電気エネルギーなどはすべてがエクセルギーである．

> 【例 5.1】図 5.1 に示すような所定温度の熱風を供給できる加熱炉（直燃式エアーヒーター）は，温度 900 ℃で 2.5 MW の熱量を定常的に発生可能である．この供給熱量のエクセルギーを求めよ．ただし，周囲温度を 25 ℃ とする．

> 【解 5.1】この加熱炉は，一定の温度で一定の熱量を無制限に供給できる高温熱源としてモデル化できる．従って，この熱エネルギーのエクセルギーは，この加熱炉から引き出すことができる最大仕事，つまり加熱炉と周囲の間の温度差で作動するカルノーサイクルが発生できる仕事の量に対応する．

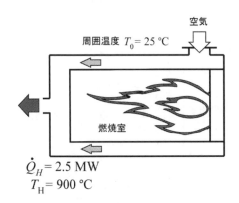

図5.1　例 5.1 加熱炉におけるエクセルギー

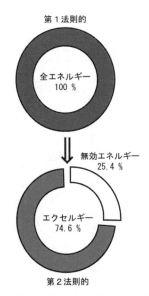

図5.2　例 5.1 全エネルギーとエクセルギー，無効エネルギーの概念

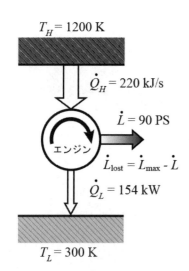

図5.3 例5.2 エンジンのエネルギー損失

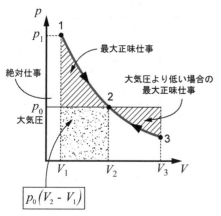

図5.4 体積変化によるエクセルギー

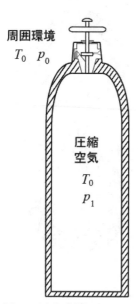

図5.5 例5.3 圧力容器

$$\eta_{\max} = \eta_{\mathrm{Carnot}} = 1 - \frac{T_L}{T_H} = 1 - \frac{T_0}{T_H} = 1 - \frac{25 + 273.15}{900 + 273.15} = 0.7458$$

$$L_{\max} = \dot{Q}_H \eta_{\mathrm{Carnot}} = 2.5\,\mathrm{MW} \times 0.746 = 1.87\,\mathrm{MW}$$

図5.2に示したように，加熱炉からの熱量は加熱目的には100%利用できるが，仕事を発生させる目的に利用すると25.4%は有用でないことになる．このエネルギーを無効エネルギーという．

【例 5.2】図5.3に示すような熱機関が，最高温度1200Kの高温熱源から220 kJ/sを授熱して，300Kの周囲に排熱して作動している．この熱機関の出力を計測したところ90 PSであった．このエンジンの最大仕事とエネルギー損失量を求めよ．

【解 5.2】このエンジンの動作環境における最大仕事は，同じ温度差で作動するカルノーサイクルからの出力である．

$$\dot{L}_{\max} = \eta_{\mathrm{Carnot}}\dot{Q}_H = \left(1 - \frac{T_L}{T_H}\right)\dot{Q}_H = \left(1 - \frac{300}{1200}\right) \times 220\,\mathrm{kW} = 165\,\mathrm{kW}$$

エネルギー損失量（エクセルギー損失）は最大出力と現実の出力の差である．

$$\dot{L}_{\mathrm{lost}} = \dot{L}_{\max} - \dot{L} = 165 - 90 \times 0.7355 = 98.8\,\mathrm{kW}$$

理論的には，このエンジンはあと98.8 kWの出力を増加させるように改良できる余地があると言える．

（また周囲環境には $220 - 90 \times 0.7355 = 154\,\mathrm{kW}$ 排熱していることになる．）

a. 体積変化によるエクセルギー (exergy of volume change)

図5.4に示したように，気体が圧力 p_1（状態1）から，大気圧 p_0（状態2）まで可逆的に膨張した時に外部にする正味の仕事 $(L_{12})_{\mathrm{net}}$ は次のようになる．

$$(L_{12})_{\mathrm{net}} = \int_1^2 p\,\mathrm{d}V - p_0(V_2 - V_1) = \int_1^2 (p - p_0)\,\mathrm{d}V \equiv E_V \qquad (5.4)$$

微分形で表現すれば

$$\mathrm{d}E_V = \delta L_{\mathrm{net}} = \delta L - p_0\mathrm{d}V = (p - p_0)\mathrm{d}V \qquad (5.5)$$

となる．この正味の最大仕事が，体積変化によるエクセルギー E_V である．

【例 5.3】図5.5に示すような圧力容器の中に，温度 T_0 で圧力 p_1 の圧縮空気が封入されている．

(a) 周囲環境の温度 T_0，圧力を p_0 として，この圧縮空気の比エクセルギーを p_1, p_0, T_0 と気体定数 R で表せ．空気は理想気体と仮定してよい．

(b) (a)で導いた式を利用して，圧力容器の体積が40リットルで圧縮空気の圧力が5 MPa，周囲温度300 K，圧力100 kPaの場合，この圧縮空気のエクセルギーを計算せよ．ただし，空気の気体定数を0.286 kJ/(kg·K) とする．

【解 5.3】(a) 等温での体積膨張のエクセルギーは式(5.4)で与えられる。この式を単位質量あたりの比エクセルギーで表し，等温かつ理想気体を仮定すると

$$e_V = \int_1^0 (p - p_0)\mathrm{d}v = -RT_0 \int_1^0 \frac{\mathrm{d}p}{p} + p_0 RT_0 \int_1^0 \frac{\mathrm{d}p}{p^2} = RT_0 \left(\frac{p_0}{p_1} - 1 - \ln \frac{p_0}{p_1} \right)$$

が得られる。なお上式は，閉じた系の比エクセルギーの式(5.17)から出発しても同様に得られる。

(b) 圧縮空気の質量 m_1 は

$$m_1 = \frac{p_1 V}{RT_0} = \frac{5\,\mathrm{MPa} \times 40 \times 10^{-3}\,\mathrm{m}^3}{0.286\,\mathrm{kJ/(kg \cdot K)} \times 300\,\mathrm{K}} = 2.331\,\mathrm{kg}$$

従って(a)で得られた式を用いてエクセルギーを計算すると以下のようになる。

$$E_V = m_1 e_V = m_1 RT_0 \left(\frac{p_0}{p_1} - 1 - \ln \frac{p_0}{p_1} \right)$$

$$= 2.331\,\mathrm{kg} \times 0.286\,\mathrm{kJ/(kg \cdot K)} \times 300\,\mathrm{K} \times \left(\frac{0.1}{5} - 1 - \ln \frac{0.1}{5} \right) = 586\,\mathrm{kJ}$$

b.　熱のエクセルギー (exergy of heat)

図5.6のような温度 T_H の高温熱源と，周囲温度 T_0 を低温熱源とした可逆熱機関を考えると，熱のエクセルギー E_Q は以下のようになる。

$$E_Q = L_{\max} = Q_H \left(1 - \frac{T_0}{T_H} \right) \tag{5.6}$$

同様にして，系の温度が周囲温度より低い場合 $T_L < T_0$ には，周囲温度を高温熱源にしたカルノーサイクルを作動させれば最大仕事が得られ

$$E_Q = Q_0 \left(1 - \frac{T_L}{T_0} \right) \tag{5.7}$$

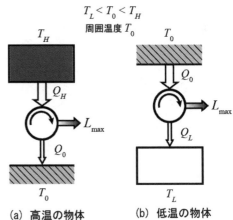

$T_L < T_0 < T_H$
周囲温度 T_0

(a) 高温の物体　　(b) 低温の物体
図5.6　熱のエクセルギー

となる。

熱のエクセルギーは式(5.6)で与えられるため，熱機関の熱効率最大値 $\eta_{\max}$ を計算すると次のようになる。

$$\eta_{\max} = \frac{E_Q}{Q_H} = \left(1 - \frac{T_0}{T_H} \right) = \eta_{\mathrm{Carnot}} \tag{5.8}$$

このような従来のエネルギー量だけを考慮した熱効率を第1法則的効率(first law efficiency) η_I と呼び，熱機関の場合は次のような上限・下限をもつ。

$$0 \leq \eta_\mathrm{I} \leq \eta_{\mathrm{Carnot}} \tag{5.9}$$

これに対して，系のエクセルギーを効率の分母にとって，実際に得られる仕事との比で以下のようなもう1つの効率を定義する。

$$\eta_\mathrm{II} = \frac{\text{利用したエクセルギー（得られた仕事）}}{\text{エクセルギー}} = \frac{L}{E} \tag{5.10}$$

この η_{II} をエクセルギー効率(exergetic efficiency)，第2法則的効率(second law efficiency)あるいは有効エネルギー効率と呼ぶ．エクセルギー効率を用いれば，熱機関の場合の最高効率は1になり，第1法則的効率との間には以下のような関係が成り立つ．

$$\eta_{\mathrm{I}} = \eta_{\mathrm{II}} \cdot \eta_{\mathrm{Carnot}} \tag{5.11}$$

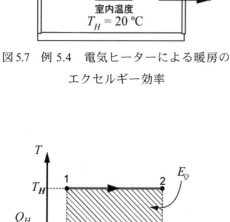

図 5.7　例 5.4　電気ヒーターによる暖房の
エクセルギー効率

【例 5.4】 図 5.7 に示すように，部屋を電気ヒーターで暖房して室温を 20℃ に保っているとする．この時の外気温度を 5℃ として，この電気ヒーターのエクセルギー効率を求めよ．

【解 5.4】 式(5.10)で定義されるエクセルギー効率をヒートポンプや冷凍機に適用すると，COP（動作係数）を用いて次のように表すことができる．

$$\eta_{\mathrm{II}} = \frac{\varepsilon_{\mathrm{H}}}{\varepsilon_{\mathrm{H, Carnot}}} \quad \text{（ヒートポンプ）}$$

$$\eta_{\mathrm{II}} = \frac{\varepsilon_{\mathrm{R}}}{\varepsilon_{\mathrm{R, Carnot}}} \quad \text{（冷凍機）}$$

電気ヒーターの場合の COP は，消費した電気エネルギーに等しい熱量が発生されるだけなので1になる．一方，この温度差で作動するカルノーヒートポンプの COP は

$$\varepsilon_{\mathrm{H, Carnot}} = \frac{1}{1 - T_L/T_H} = \frac{1}{1 - (5 + 273.15)/(20 + 273.15)} = 19.54$$

従って

$$\eta_{II} = \frac{1}{19.54} = 0.0512$$

電気ヒーターのエクセルギー効率は 5.11% という非常に低い値とり，暖房にはヒートポンプを使用したほうがエネルギーを有効利用していることが定量的にわかる．

5・2　様々な系のエクセルギー (exergy of important systems)

熱源の温度が変化する場合の熱源のエクセルギーは，式(5.6)を導くのと同じ考えを微小熱量 δQ に対して適用すれば良いから

$$\mathrm{d}E_Q = \delta Q \left(1 - \frac{T_0}{T}\right) \tag{5.12}$$

となり，式(5.12)を（初状態）1→（終状態）2の状態間で積分すれば以下のようになる．

$$\int_1^2 \mathrm{d}E_Q = \int_1^2 \delta Q - T_0 \int_1^2 \frac{\delta Q}{T} \tag{5.13}$$

$$E_Q = Q_{12} - T_0 \left(S_2 - S_1\right) \tag{5.14}$$

図5.8には以上のことをグラフィカルに示している．

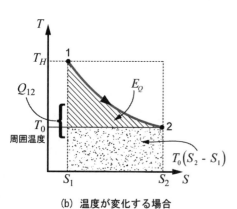

（a）温度一定の場合

（b）温度が変化する場合

図 5.8　熱のエクセルギーを $T-S$ 線図で表
示

【例 5.5】　図 5.9 に示すような初期温度500℃で重さ 1ton の鉄塊が，25℃の大気中に放置され，自然に冷却していくものとする．この過程のエクセルギー損失を求めよ．ただし，鉄の比熱は一定で0.50 kJ/(kg・K)と仮定する．

【解 5.5】　この高温の鉄塊と大気の温度差の間でカルノーサイクルを作動させた場合に得られる仕事が，自然冷却（伝熱過程）によってすべて失われており，これがエクセルギー損失になる．温度が変化する熱源のエクセルギー式(5.13)を適用すればよい．

$$E_Q = \int_1^0 \left(1 - \frac{T_0}{T}\right)\delta Q$$

ここで，δQ をカルノーサイクルに供給する熱量とすれば鉄塊から失われる熱量と符号が逆になるので，

$$\delta Q = -mc\,\mathrm{d}T$$

$$E_Q = \int_1^0 \left(1 - \frac{T_0}{T}\right)(-mc\,\mathrm{d}T) = mc\left[(T_1 - T_0) - T_0 \ln\frac{T_1}{T_0}\right]$$

$$= 1000\ \mathrm{kg} \times 0.5\ \mathrm{kJ/(kg\cdot K)} \times \left[(500 - 25)\ \mathrm{K} - (25 + 273.15)\ \mathrm{K} \times \ln\frac{500 + 273.15}{25 + 273.15}\right]$$

$$= 95.4 \times 10^3\ \mathrm{kJ}$$

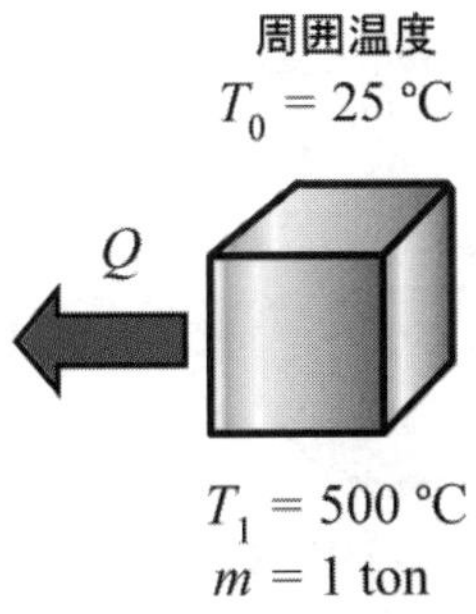

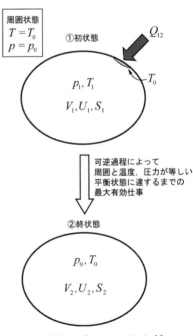

周囲温度
$T_0 = 25\ ℃$

Q

$T_1 = 500\ ℃$
$m = 1\ \mathrm{ton}$

図5.9　例 5.5 高温鉄塊の自然冷却によるエクセルギー損失

閉じた系のエクセルギー $\mathrm{d}E_{\text{closed}}$ は次のように与えられる（図5.10参照）．

$$\mathrm{d}E_{\text{closed}} = -\mathrm{d}U + T_0\mathrm{d}S - p_0\mathrm{d}V \tag{5.15}$$

これは体積膨張による仕事であるが，膨張させるための閉じた系のエネルギー保存とエントロピー保存が組み込まれたので，E_V と区別するために E_{closed} と表示する．式(5.15)を 1→0 の状態間で積分すれば式(5.15)は次のようになる．

$$E_{\text{closed}} = (U_1 - U_0) - T_0(S_1 - S_0) + p_0(V_1 - V_0) \quad (\mathrm{J}) \tag{5.16}$$

エクセルギーは示量性状態量と考えて問題ないので，式(5.16)の両辺を物質の質量 m (kg)で割り，単位質量あたりで表現すれば

$$e_{\text{closed}} = (u_1 - u_0) - T_0(s_1 - s_0) + p_0(v_1 - v_0) \quad (\mathrm{J/kg}) \tag{5.17}$$

あるいは

$$\mathrm{d}e_{\text{closed}} = -\mathrm{d}u + T_0\mathrm{d}s - p_0\mathrm{d}v \tag{5.18}$$

であり，比エクセルギー(specific exergy)と呼ばれる．

また，式(5.16)には系の運動エネルギーとポテンシャルエネルギーを含めていない．これらのエネルギーを考慮する必要がある場合は，内部エネルギーにこれらのエネルギーを加え　$U \to U + (1/2)mw^2 + mgz$　と置き換えればよい．ただ通常の熱機関等の場合，運動エネルギーと位置エネルギーは内部エネルギーに比べて無視できるほど小さい．

周囲状態
$T = T_0$
$p = p_0$

①初状態　Q_{12}

p_1, T_1
V_1, U_1, S_1　T_0

可逆過程によって
周囲と温度，圧力が等しい
平衡状態に達するまでの
最大有効仕事

②終状態

p_0, T_0
V_2, U_2, S_2

図5.10　閉じた系のエクセルギー

周囲温度
$T_0 = 20\,°C$

低温の銅塊

$T_1 = -196\,°C$
$m = 5\,\mathrm{kg}$

図 5.11　例 5.6 液体窒素温度に冷や
された銅塊のエクセルギー

【例 5.6】重さ 5 kg の銅塊が周囲圧力 1 atm で，液体窒素により温度 −196 ℃に冷却されている．周囲温度を 20 ℃としてこの銅塊のエクセルギーを求めよ．ただし，銅は非圧縮性物質と仮定し，その比熱は 0.35 kJ/(kg·K) で一定であるものとする（図 5.11）．

【解 5.6】閉じた系の比エクセルギー式（5.18）を用いればよい．比内部エネルギー u 比エントロピー s 比容積 v の微分形を非圧縮性物質に対して書けば

$$\mathrm{d}u = c\mathrm{d}T, \quad \mathrm{d}s = \frac{c}{T}\mathrm{d}T, \quad \mathrm{d}v = 0$$

となるので，これらを式（5.18）に代入すれば次のようになる．

$$\mathrm{d}e_{\mathrm{closed}} = -c\mathrm{d}T + \frac{cT_0}{T}\mathrm{d}T$$

比熱 c を一定として，上式を 1→0 の状態間で積分すれば

$$e_{\mathrm{closed}} = \int_1^0 \mathrm{d}e_{\mathrm{closed}} = -c(T_0 - T_1) + cT_0 \ln\frac{T_0}{T_1}$$

$$= cT_0\left(\frac{T_1}{T_0} - 1 - \ln\frac{T_1}{T_0}\right)$$

従って数値を代入すれば以下のように計算される．

$$E_{\mathrm{closed}} = me_{\mathrm{closed}} = 5\,\mathrm{kg} \times 0.35\,\mathrm{kJ/(kg\cdot K)} \times 293.15\,\mathrm{K} \times \left(\frac{77.15}{293.15} - 1 - \ln\frac{77.15}{293.15}\right)$$

$$= 307\,\mathrm{kJ}$$

図5.12に示したような定常流れ系において，定常流れ系のエクセルギー $\mathrm{d}E_{\mathrm{flow}}$ は次のようになる．

$$\mathrm{d}E_{\mathrm{flow}} = -\mathrm{d}H + T_0\mathrm{d}S \tag{5.19}$$

式(5.19)を状態1→0で積分すれば

$$E_{\mathrm{flow}} = (H_1 - H_0) - T_0(S_1 - S_0) \quad (\mathrm{J}) \tag{5.20}$$

これが定常流動系のエクセルギーである．式(5.20)の両辺を質量 m (kg) で割り，単位質量あたりの比エクセルギー表現にすれば

$$e_{\mathrm{flow}} = (h_1 - h_0) - T_0(s_1 - s_0) \quad (\mathrm{J/kg}) \tag{5.21}$$

あるいは

$$\mathrm{d}e_{\mathrm{flow}} = -\mathrm{d}h + T_0\mathrm{d}s \tag{5.22}$$

となる．式(5.20)と閉じた系のエクセルギー式(5.16)を比較するために，式(5.20)を書き直せば

$$E_{\mathrm{flow}} = (U_1 + p_1V_1) - (U_0 + p_0V_0) - T_0(S_1 - S_0)$$

$$= (U_1 - U_0) - T_0(S_1 - S_0) + p_0(V_1 - V_0) + (p_1 - p_0)V_1 \tag{5.23}$$

$$= E_{\mathrm{closed}} + (p_1 - p_0)V_1$$

となる．つまり，定常流動系のエクセルギーは，閉じた系のエクセルギー式(5.16)に体積変化のエクセルギー式(5.5)が加えられていると解釈できる．

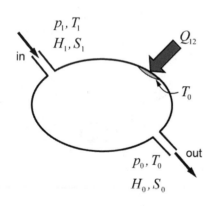

p_1, T_1
H_1, S_1
in
Q_{12}
T_0
p_0, T_0
out
H_0, S_0

図 5.12　定常流動系のエクセルギー

【例 5.7】　図 5.13 のようなヒートポンプ乾燥方式洗濯乾燥機では，冷媒 HFC-134a を，温度 25 ℃，圧力 0.67 MPa の状態から 75 ℃，2.1 MPa の状態までコンプレッサ（圧縮機）で定常的に圧縮している．この過程における HFC-134a の比エクセルギー変化を計算し，コンプレッサを作動させるために必要な最小仕事を HFC-134a の単位質量あたりで求めよ．ただし，周囲環境を 20 ℃，1 atm とする．

【解 5.7】この問題は，図 5.14 のような定常流動系であり，HFC-134a の運動エネルギーと位置エネルギーはエンタルピー変化に対して十分小さく無視できる．圧縮機入口と出口の比エンタルピーと比エントロピーを HFC-134a の蒸気表（「熱力学」付図 10.1 参照）から，以下のようになる．

入口：$p_1 = 0.67$ MPa　　　$h_1 = 418$ kJ/kg
　　　$T_1 = 25$ ℃　　　　　$s_1 = 1.733$ kJ/(kg・K)

出口：$p_2 = 2.1$ MPa　　　　$h_2 = 445$ kJ/kg
　　　$T_2 = 75$ ℃　　　　　$s_2 = 1.736$ kJ/(kg・K)

定常流動系の比エクセルギーは式(5.21)を用いれば良く，また入口と出口の比エクセルギーの差は次のように表すことができる．

$$\Delta e_{\text{flow}} = e_{\text{flow2}} - e_{\text{flow1}} = (h_2 - h_1) - T_0(s_2 - s_1)$$
$$= (445 - 418)\ \text{kJ/kg} - 293.15\ \text{K} \times (1.736 - 1.733\ \text{kJ/}(\text{kg・K})) = 26.1\ \text{kJ/kg}$$

この比エクセルギーがコンプレッサに必要な HFC-134a の単位質量あたり最小仕事になる．

図 5.13　例 5.7 ヒートポンプ乾燥方式洗濯乾燥機

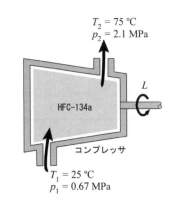

図 5.14　例 5.7 コンプレッサによる最小圧縮仕事

5・3　自由エネルギー (free energy)

ギブス自由エネルギー(Gibbs free energy)あるいはギブス関数(Gibbs function)は，次式のように与えられる示量性状態量である．

$$G \equiv U + pV - TS = H - TS \quad (\text{J}) \tag{5.24}$$

式(5.24)の両辺を物質の質量 m (kg)で割って，単位質量あたりで表せば

$$g = h - Ts \quad (\text{J/kg}) \tag{5.25}$$

となり，g は比ギブス自由エネルギー(specific Gibbs free energy)である．このギブス自由エネルギーを使って，化学反応（等温・等圧）の理論最大仕事は以下のように表すことができる．

$$(L_{\text{ch}})_{\text{max}} = G_1 - G_2 = -\Delta G \quad \text{at } T = \text{const. and } p = \text{const.} \tag{5.26}$$

ここで $(\ )_{T,p}$ は省略してある．式(5.26)は，等温・等圧条件下の可逆の化学反応による最大仕事は，ギブス自由エネルギーの減少量 $-\Delta G$ に等しいことを意味する．

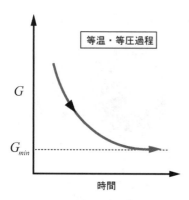

（a）化学反応の進む方向

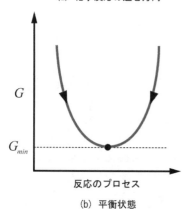

（b）平衡状態

図 5.15　ギブス自由エネルギーと化
学反応の進む方向，平衡状
態

また，ヘルムホルツ自由エネルギー(Helmholtz free energy)あるいはヘルムホルツ関数(Helmholtz function)は，次式のように与えられる示量性状態量である．

$$F \equiv U - TS \quad (\text{J}) \tag{5.27}$$

式(5.27)の両辺を物質の質量 m (kg)で割って，単位質量あたりで表せば

$$f = u - Ts \quad (\text{J/kg}) \tag{5.28}$$

となり，f は比ヘルムホルツ自由エネルギー(specific Helmholtz free energy)である．

等温・等積条件下での最大仕事は，ヘルムホルツ自由エネルギーの減少量として以下のように表現できる．

$$\left(L_{\text{ch}}\right)_{\text{max}} = F_1 - F_2 = -\Delta F \quad \text{at } T = \text{const. and } V = \text{const.} \tag{5.29}$$

ギブス自由エネルギーを等温・等圧下で微分すると

$$\left(\text{d}G\right)_{T,p} = 0 \quad （可逆過程） \tag{5.30}$$

が得られる．

また，不可逆過程の場合には，

$$\left(\text{d}G\right)_{T,p} = -T\text{d}S_{\text{gen}} < 0 \quad （不可逆過程） \tag{5.31}$$

ギブス自由エネルギー G は減少する方向のみに変化し，極小値に達すると平衡状態になり，平衡条件は $\left(\text{d}G\right)_{T,p} = 0$ である．気液の相平衡は等温・等圧のもとで起きるので，式(5.30)は平衡条件を決定するための基礎式である（本編 9・2・1項 p-149 参照）．図5.15に示したように，自由エネルギーは系が平衡状態になるところで極小値をとるため，熱力学ポテンシャル(thermodynamic potential)と呼ばれる．

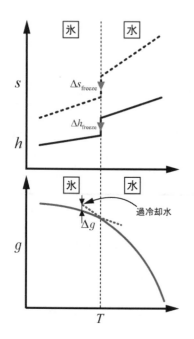

図 5.16　例 5.8　過冷却水の相変化

【例 5.8】1 atmで，−5 ℃ の過冷却状態にある水が，自発的に氷に相変化することは経験的に知られている．この事実をギブス自由エネルギーを用いて証明せよ．また，どの温度から水 ⇒ 氷の相変化が自発的（自然に起こる）でなくなるのか計算せよ．ただし，1 atmにおける氷の融解潜熱 $\Delta h_{\text{fusion}} = 333.8\,\text{kJ/kg}$，融解エントロピー変化 $\Delta s_{\text{fusion}} = 1.222\,\text{kJ/(kg·K)}$ として計算せよ（図 5.16）．

【解 5.8】大気圧下で−5 ℃ の水 ⇒ −5 ℃ の氷になる場合のギブス自由エネルギーの変化 Δg を以下の手順で求める．

まず，エントロピー変化だけ考える．

$$\Delta s_{\text{freeze}} = -\Delta s_{\text{fusion}} = s_{\text{ice}} - s_{\text{water}} = -1.222\,\text{kJ/(kg·K)}$$

水のほうがエントロピーが大きいので，エントロピー的には液体の水になるほうが有利である．

一方, エンタルピー変化に関しては
$$\Delta h_{\text{freeze}} = -\Delta h_{\text{fusion}} = h_{\text{ice}} - h_{\text{water}} = -333.8\,\text{kJ/kg}$$
氷のほうがエンタルピーが小さく発熱反応なので, エネルギー的には固体の氷のほうが有利である. 自発的に起きる方向は（等温, 等圧では）ギブス自由エネルギーで評価できるので, 計算すると
$$\Delta g = \Delta h_{\text{freeze}} - T\Delta s_{\text{freeze}} = -333.8\,\text{kJ/kg} - (273.15 - 5\,\text{K})(-1.222\,\text{kJ/(kg·K)})$$
$$= -6.121\,\text{kJ/kg} < 0$$
すなわち, 過冷却水は凍るのが自然な変化の方向である.

さらに, 水 ⇒ 氷 がどの温度から自発的でなくなるかを計算すると, それは $\Delta g = \Delta h_{\text{freeze}} - T\Delta s_{\text{freeze}} = 0$ の条件なので数値を代入すれば
$$T = \frac{-333.8\,\text{kJ/kg}}{-1.222\,\text{kJ/(kg·K)}} = 273.15\,\text{K} = 0\,°\text{C}$$
予想されるように, 0℃が水と氷の平衡状態であることが確認できる.

5・4 エクセルギー損失とエントロピー生成 (lost exergy and entropy generation)

閉じた系のエクセルギー L_{max} と現実に得られる仕事である L_{net} の差をとれば
$$L_{\text{lost}} = L_{\text{max}} - L_{\text{net}} = E_{\text{closed}} - L_{\text{net}} = T_0 S_{\text{gen}} \tag{5.32}$$
が不可逆過程によるエクセルギー損失(lost exergy, lost available work, availability destruction)である. 式(5.32)からわかるように, 損失したエクセルギーは不可逆過程によるエントロピー生成に比例する. つまり, 摩擦などの不可逆過程が発生すると熱を移動させないのに内部エネルギーが増加し, エネルギーが分子のランダムな運動に費やされ散逸してしまい, 仕事に変換できる分が減少してしまう.

ここでは, エクセルギー損失とエントロピー生成の関係を閉じた系について導いたが, より一般的にどのような系であっても, 不可逆過程による有効仕事の損失はエントロピー生成に比例することが証明できる.
$$L_{\text{lost}} \propto T S_{\text{gen}} \tag{5.33}$$
この一般的関係をギュイ・ストドラの定理(Gouy-Stodola's theorem)と呼ぶことがある.

===== 練習問題 =======================

【5・1】 Plot the first-law efficiency for Carnot heat engines (η_{Carnot}) and the COP for Carnot refrigerators ($\varepsilon_{\text{R, Carnot}}$)and Carnot heat pumps ($\varepsilon_{\text{H, Carnot}}$)as a function of T/T_0 . T_0 is the ambient temperature for all the devices ($T_0 = T_L$ in heat engines and heat pumps, and $T_0 = T_H$ in refrigerators). Based on the resulting plots, discuss the implications regarding the first-law efficiency and the second law efficiency (exergetic efficiency).

【5・2】初期温度 120℃で重さ 1000 kg の鉄塊を, 外気温度 –1℃の冬の室内温度を 25℃に維持するために利用しようと考えている. この鉄塊が 25℃まで冷却される過程で, 室内に供給できる最大の熱量を求めなさい. ただし, この鉄塊の比熱を 0.50 kJ/(kg·K) で一定と仮定する.

【5・3】 Determine the exergy in kJ for each of the following with reference environmental conditions of $T_0 = 25\,^{\circ}\mathrm{C}$ and $p_0 = 1\,\mathrm{atm}$.

(a) 3 kg of helium as an ideal gas at 10 MPa and $300\,^{\circ}\mathrm{C}$. Assuming the specific heat of helium at constant pressure is $c_p = 5.197\,\mathrm{kJ/(kg \cdot K)}$, the specific heat at constant volume is- $c_v = 3.120\,\mathrm{kJ/(kg \cdot K)}$, and the gas constant is $R = 2.077\,\mathrm{kJ/(kg \cdot K)}$.

(b) 2 kg of saturated water at $250\,^{\circ}\mathrm{C}$.

(c) 5 kg of saturated water vapor at 20 MPa.

【5・4】 周囲状態が 1 atm, 25 °C であるとき,

(a) 1 atm, 100 °C の水蒸気の比エクセルギー

(b) 1 atm, 0 °C の氷の比エクセルギー

をそれぞれ求めなさい.

ただし, 水も氷も非圧縮性物質と仮定し, 水の定圧比熱は 4.19 kJ/(kg·K) で一定であり, 水の蒸発潜熱は 2257 kJ/kg, 氷の凝固潜熱は 333 kJ/kg であるとする.

【5・5】 純物質のギブス自由エネルギー $G(T, p)$ は, 温度と圧力にどのように依存するか検討せよ.

(a) ギブス自由エネルギーの変化量 ΔG の圧力依存性（温度一定条件）を表す一般関係式を求め, さらに理想気体の場合の関係式を求めよ.

(b) G の温度依存性（圧力一定条件）を表す一般関係式を求めよ.

(c) (b)と同様にして $\Delta G/T$ の温度依存性（圧力一定条件）を表す一般関係式

を求め, 導いた関係式から Gibbs-Helmholtz の式, $\left(\dfrac{\partial (G/T)}{\partial (1/T)} \right)_p = H$ を誘導せよ.

【5・6】 Air expands isothermally and reversibly at $20\,^{\circ}\mathrm{C}$ from 5 m³ to 25 m³. Determine the change in the specific properties, $\Delta u, \Delta h, \Delta f, \Delta g$, and Δs, during this process. Employ the ideal gas model for air with a gas constant of $0.286\,\mathrm{kJ/(kg \cdot K)}$.

【5・7】 伝熱工学における広い視野から見た研究・開発目標は, 以下の 2 つのカテゴリーに分類できる.

(1) 熱伝達を向上させること（例：パソコンの CPU からの発熱を早く効果的に除去し, 温度上昇を小さくすること）

(2) 熱伝達を抑えること（例：家の断熱性能を高めて, 冷暖房に必要なエネルギー消費量を少なくすること）

一見相反するようなこれらの目標を, エクセルギー損失（ギュイ・ストドラの定理）の視点から統一的に捉えることができることを示せ.

第 6 章

熱力学の一般関係式

General Thermodynamic Relations

6・1 熱力学の一般関係式 (General Thermodynamic Relation)

物質の持つ状態量には圧力，体積，温度，内部エネルギー，エンタルピー，エントロピーなどがある．状態量におけるデュエムの定理（Duhem Theorem）では，「相の数，成分の数，化学反応の数がいくつあったとしても，初期質量が成分数だけ与えられている閉じた系の安定平衡状態は２つの独立変数によって決定される」とある．これは，ある状態量は他の２つの状態量の関数（点関数）であり，変化の経路によらず決定される量であることを示す．例えば，理想気体では温度と比体積が与えられれば（状態が規定されれば）圧力が決まり，これはどのような変化をたどりその状態に至ったかに関係ない．また，仕事や系に出入りする熱は変化の経路で変わるため状態量ではない．状態量やその微係数間の関係には，物質の種類や状態に関係なく，常に成立する関係式があり，これを熱力学の一般関係式とよぶ．熱力学の一般関係式はその多くが数学的に導出されるが，これらを用いることで内部エネルギーやエンタルピー，エントロピーなどの測定が困難な状態量を圧力，温度，体積など測定の容易な状態量から求めることができる．

【例 6.1】 ２個の状態量 x, y の関数として記述される変数 z が状態量である条件を示せ．ここで，z が状態量であるためには，z が状態 x, y のみの関数（点関数）として $z=z(x, y)$ と表され，状態が (x, y) から $(x+\Delta x, y+\Delta y)$ へ変化する場合の z の変化分 Δz が状態変化の経路によって不変であることが必要十分条件となる．

【解 6.1】物質の状態を状態 (x,y) から状態 $(x+\Delta x, y+\Delta y)$ まで変化させる場合，x 方向，y 方向の順に直線的に変化する経路 A $((x,y)\to (x+\Delta x, y) \to (x+\Delta x, y+\Delta y))$ を取ると，z の変化量 Δz_A は次式となる．

$$\Delta z_A = \left(\frac{\partial z}{\partial x}\right)_y \Delta x + \left(\frac{\partial z}{\partial y}\right)_{x+\Delta x} \Delta y + O(2)$$

$$= \left(\frac{\partial z}{\partial x}\right)_y \Delta x + \left\{\left(\frac{\partial z}{\partial y}\right)_x + \left\{\frac{\partial}{\partial x}\left(\frac{\partial z}{\partial y}\right)_x\right\}_y \Delta x\right\}\Delta y + O(2)$$

$$= \left(\frac{\partial z}{\partial x}\right)_y \Delta x + \left(\frac{\partial z}{\partial y}\right)_x \Delta y + \frac{\partial^2 z}{\partial x \partial y}\Delta x\Delta y + O(2)$$

ここで，最初の式の右辺第１項は (x,y) から $(x+\Delta x, y)$ への変化に，第２項は $(x+\Delta x, y)$ から $(x+\Delta x, y+\Delta y)$ への変化に対応した一次精度の z の増分であり，$O(2)$ は二次以上の誤差を示す．一方，y 方向，x 方向の順の経路

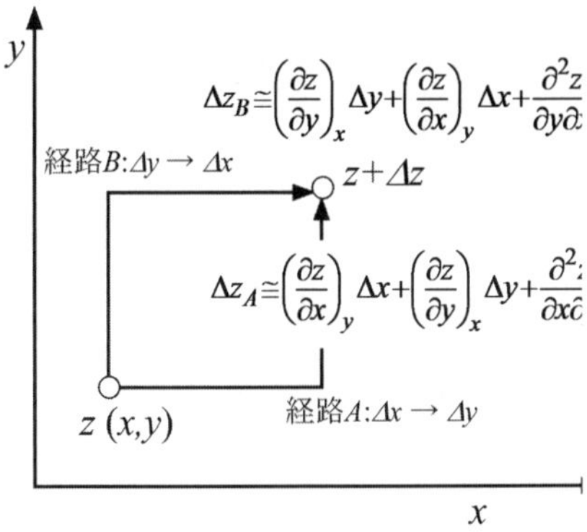

図中：

$$\Delta z_B \cong \left(\frac{\partial z}{\partial y}\right)_x \Delta y + \left(\frac{\partial z}{\partial x}\right)_y \Delta x + \frac{\partial^2 z}{\partial y \partial x}$$

経路$B : \Delta y \to \Delta x$

$z+\Delta z$

$$\Delta z_A \cong \left(\frac{\partial z}{\partial x}\right)_y \Delta x + \left(\frac{\partial z}{\partial y}\right)_x \Delta y + \frac{\partial^2 z}{\partial x \partial c}$$

$z\,(x,y)$

経路$A : \Delta x \to \Delta y$

図 6.1 状態量変化の経路不変性の考察

$$\Delta z_A \cong \left(\frac{\partial z}{\partial x}\right)_y \Delta x + \left(\frac{\partial z}{\partial y}\right)_x \Delta y + \frac{\partial^2 z}{\partial x \partial y}\Delta x \Delta y$$

$$\Delta z_B \cong \left(\frac{\partial z}{\partial y}\right)_x \Delta y + \left(\frac{\partial z}{\partial x}\right)_y \Delta x + \frac{\partial^2 z}{\partial y \partial x}\Delta x \Delta y$$

$$\left(\frac{\partial z}{\partial x}\right)_y \Delta x + \left(\frac{\partial z}{\partial y}\right)_{x+\Delta x} \Delta y + O(2)$$

$$= \left(\frac{\partial z}{\partial x}\right)_y \Delta x + \left\{\left(\frac{\partial z}{\partial y}\right)_x + \left\{\frac{\partial}{\partial x}\left(\frac{\partial z}{\partial y}\right)_x\right\}_y \Delta x\right\}\Delta y + O(2)$$

$$= +O(2)$$

B$((x,y)\to (x,\ y+\Delta y)\to (x+\Delta x,\ y+\Delta y))$ を取ると，z の変化量 Δz_B は次式となる.

$$\Delta z_B = \left(\frac{\partial z}{\partial y}\right)_x \Delta y + \left(\frac{\partial z}{\partial x}\right)_{y+dy} \Delta x + O(2)$$

$$= \left(\frac{\partial z}{\partial y}\right)_x \Delta y + \left\{\left(\frac{\partial z}{\partial x}\right)_y + \left\{\frac{\partial}{\partial y}\left(\frac{\partial z}{\partial x}\right)_y\right\}_x \Delta y\right\}\Delta x + O(2)$$

$$= \left(\frac{\partial z}{\partial y}\right)_x \Delta y + \left(\frac{\partial z}{\partial x}\right)_y \Delta x + \frac{\partial^2 z}{\partial y\partial x}\Delta y\Delta x + O(2)$$

両経路の z の変化量が一次精度で等しいためには，次式の成立が必要十分条件となる.

$$\frac{\partial^2 z}{\partial x\partial y}=\frac{\partial^2 z}{\partial y\partial x} \quad (6.1.1)$$

また，より高次の精度で両経路の Δ_z を一致させるには，$\dfrac{\partial^3 z}{\partial x\partial y\partial x}$，

$\dfrac{\partial^4 z}{\partial x\partial x\partial y\partial y}$ など x 微分，y 微分を含む高次微計数の微分順序の入れ替えが可能であることが必要十分条件となる. そして，(6.1.1)式の成立は，全ての次数の微分の順序が入れ替え可能であることを意味するため，(6.1.1)式の成立により，Δ_z は経路によらず定まることが言える. 熱力学的には z が変化の経路によらず決定され，状態量であることを意味する.

表6.1　全微分の条件

$$dz = M\,dx + N\,dy$$

$$dz = \left(\frac{\partial z}{\partial x}\right)_y dx + \left(\frac{\partial z}{\partial y}\right)_x dy$$

全微分の条件

$$\left(\frac{\partial M}{\partial y}\right)_x = \left(\frac{\partial N}{\partial x}\right)_y$$

$$\frac{\partial^2 z}{\partial x\partial y}=\frac{\partial^2 z}{\partial y\partial x}$$

例 6.1 において式(6.1.1)が成立しており，Δx，Δy を無限小とする極限を取ると Δ_z は全微分 dz に帰着される. 数学的には変化の経路によらず増分が与えられることは，微分の方向によらず全微分が与えられることと同値である.

$$\lim_{\substack{\Delta x\to 0 \\ \Delta y\to 0}} \Delta z = dz = \left(\frac{\partial z}{\partial x}\right)_y dx + \left(\frac{\partial z}{\partial y}\right)_x dy \tag{6.1.1}$$

状態(x, y)から $(x+dx,\ y+dy)$ への変化に伴いある量 z が $z+dz$ へ変化し，x，y の関数 M，N により $dz = M\,dx + N\,dy$ と書かれた場合，dz が全微分となる条件は $M = \left(\dfrac{\partial z}{\partial x}\right)_y$，$N = \left(\dfrac{\partial z}{\partial y}\right)_x$ であり，$\left(\dfrac{\partial M}{\partial y}\right)_x = \left(\dfrac{\partial N}{\partial x}\right)_y$ が成り立つことである. これは，熱力学的には z が状態量であることを示す.

全微分が成立する状態量(x,y,z)の微係数には次の相反の関係および循環の関係が成立し，これらは状態量の関係を数学的に導出するために必要となる.

相反の関係　　$\left(\dfrac{\partial x}{\partial z}\right)_y = 1\Big/\left(\dfrac{\partial z}{\partial x}\right)_y$ $\tag{6.1.2}$

循環の関係　　$\left(\dfrac{\partial x}{\partial y}\right)_z\left(\dfrac{\partial y}{\partial z}\right)_x\left(\dfrac{\partial z}{\partial x}\right)_y = -1$ $\tag{6.1.3}$

【例 6.2】状態量(x,y,z)の微係数の間にある相反の関係式と循環の関係式を導出せよ.

【解 6.2】状態量 (x, y, z) の間には，独立変数，従属変数の見方を変えると $z=(x, y)$，$x=(y, z)$ 等の関係があり，各々全微分が成立する．

$$dz = \left(\frac{\partial z}{\partial x}\right)_y dx + \left(\frac{\partial z}{\partial y}\right)_x dy, \quad dx = \left(\frac{\partial x}{\partial y}\right)_z dy + \left(\frac{\partial x}{\partial z}\right)_y dz$$

両式から dx を消去して整理すると，

$$\left\{\left(\frac{\partial z}{\partial x}\right)_y \left(\frac{\partial x}{\partial y}\right)_z + \left(\frac{\partial z}{\partial y}\right)_x\right\} dy = \left\{1 - \left(\frac{\partial z}{\partial x}\right)_y \left(\frac{\partial x}{\partial z}\right)_y\right\} dz$$

y, z は独立であるため，中カッコ内はそれぞれゼロとなる必要がある．よって右辺より，$\left(\frac{\partial x}{\partial z}\right)_y = 1 \Big/ \left(\frac{\partial z}{\partial x}\right)_y$ （相反の関係），

左辺より $\left(\frac{\partial z}{\partial x}\right)_y \left(\frac{\partial x}{\partial y}\right)_z \Big/ \left(\frac{\partial z}{\partial y}\right)_x = -1$ が導出され，相反の関係と合わせて

$$\left(\frac{\partial x}{\partial y}\right)_z \left(\frac{\partial y}{\partial z}\right)_x \left(\frac{\partial z}{\partial x}\right)_y = -1 \quad \text{（循環の関係）が導かれる．}$$

6・2 エネルギー式から導かれる一般関係式 (General Relations from Energy Equation)

4つの状態量，内部エネルギー u，エンタルピー h，ヘルムホルツ自由エネルギー f，ギブス自由エネルギー g の表示式において，全微分の必要十分条件の式から以下のマクスウェルの熱力学的関係式（Maxwell thermodynamic relations）が導出される．

$$\left(\frac{\partial T}{\partial v}\right)_s = -\left(\frac{\partial p}{\partial s}\right)_v \tag{6.2.1}$$

$$\left(\frac{\partial T}{\partial p}\right)_s = \left(\frac{\partial v}{\partial s}\right)_p \tag{6.2.2}$$

$$\left(\frac{\partial p}{\partial T}\right)_v = \left(\frac{\partial s}{\partial v}\right)_T \tag{6.2.3}$$

$$\left(\frac{\partial v}{\partial T}\right)_p = -\left(\frac{\partial s}{\partial p}\right)_T \tag{6.2.4}$$

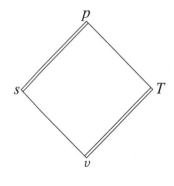

図 6.2 マクスウェルの四角形

これらは計測し易い状態量 p, v, T の変化から，直接計測が難しいエントロピーの変化を知ることに役立つ．例えば(6.2.3)式は体積の変化しない圧力容器に気体を閉じ込め，温度と圧力の関係を測定すると，定温での比体積とエントロピーの関係が求められる．この関係式の記憶法として，図 6.2 のマクスウェルの四角形がある．積がエネルギーを示す対となる状態量 p と v，T と s を四角形の各対角線の両端に置き，示強性及び示量性状態量を結ぶ辺 ps と Tv は二重線としておく．対辺の両端の状態量間の偏微分を等号で結び，二重線の辺では一方に負号をつけることで，(6.2.1)〜(6.2.4)を得られる．

また，u, h, f, g の式とその微係数からはギブス・ヘルムホルツの式（Gibbs-Helmholtz equation）が導出される．

$$f - u = T\left(\frac{\partial f}{\partial T}\right)_v \tag{6.2.5}$$

$$g - h = T\left(\frac{\partial g}{\partial T}\right)_p \tag{6.2.6}$$

さらに，$u,\ h,\ f,\ g$ の式，およびその微係数に相反，循環の関係を用いると以下の関係式が導出される．

$$\left(\frac{\partial v}{\partial s}\right)_u = \frac{T}{p} \tag{6.2.7}$$

$$\left(\frac{\partial p}{\partial s}\right)_h = -\frac{T}{v} \tag{6.2.8}$$

$$\left(\frac{\partial v}{\partial T}\right)_f = -\frac{s}{p} \tag{6.2.9}$$

$$\left(\frac{\partial p}{\partial T}\right)_g = \frac{s}{v} \tag{6.2.10}$$

【例6.3】内部エネルギー，およびエンタルピーが状態量であるための条件を全微分の式 $du = Tds - pdv$，$dh = Tds + vdp$ から求め，マクスウェルの熱力学的関係式の一部を導出せよ．

【解6.3】内部エネルギー u はエントロピー s と比体積 v の関数であり，状態量であるには，微分値が微分の順序によらないこと，すなわち $\dfrac{\partial^2 u}{\partial s \partial v} = \dfrac{\partial^2 u}{\partial v \partial s}$ が必要十分条件である．

よって，$\dfrac{\partial^2 u}{\partial v \partial s} = \dfrac{\partial}{\partial v}\left(\dfrac{\partial u}{\partial s}\right)_v = \left(\dfrac{\partial T}{\partial v}\right)_s$，$\dfrac{\partial^2 u}{\partial s \partial v} = \dfrac{\partial}{\partial s}\left(\dfrac{\partial u}{\partial v}\right)_s = -\left(\dfrac{\partial p}{\partial s}\right)_v$ より，

$\left(\dfrac{\partial T}{\partial v}\right)_s = -\left(\dfrac{\partial p}{\partial s}\right)_v$ が導出される．

同様に，エントロピー s と圧力 p で記述されたエンタルピー h が状態量であるため $\dfrac{\partial^2 h}{\partial s \partial p} = \dfrac{\partial^2 h}{\partial p \partial s}$ が成立し，$\dfrac{\partial^2 h}{\partial p \partial s} = \dfrac{\partial}{\partial p}\left(\dfrac{\partial h}{\partial s}\right)_p = \left(\dfrac{\partial T}{\partial p}\right)_s$，

$\dfrac{\partial^2 h}{\partial s \partial p} = \dfrac{\partial}{\partial s}\left(\dfrac{\partial h}{\partial p}\right)_s = \left(\dfrac{\partial v}{\partial s}\right)_p$

【例6.4】$h-s$ 線図において，等圧線の傾斜は T に等しく，等温線の傾斜は $T - (1/\beta)$ に等しいことを証明せよ．ただし，β は体膨張係数(coefficient of thermal expansion)，$\beta = \dfrac{1}{v}\left(\dfrac{\partial v}{\partial T}\right)_p$ である．

【解6.4】エントロピーの全微分とその定義式より，

$dh = \left(\dfrac{\partial h}{\partial s}\right)_p ds + \left(\dfrac{\partial h}{\partial p}\right)_s dp = Tds + vdp$．これより $\left(\dfrac{\partial h}{\partial s}\right)_p = T$ となり，$h-s$ 線図において，等圧線($dp = 0$)の傾斜は T に等しい．

また，dh の式に $dp = \left(\dfrac{\partial p}{\partial s}\right)_T ds + \left(\dfrac{\partial p}{\partial T}\right)_s dT$ を代入すると，

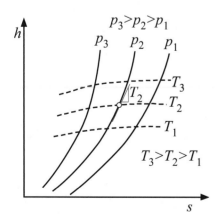

図6.3　$h-s$ 線図上の等圧線と等温線

$$dh = \left\{ T + v\left(\frac{\partial p}{\partial s}\right)_T \right\} ds + v\left(\frac{\partial p}{\partial T}\right)_s dT \quad となり,これにマクスウェルの関係式$$

$$\left(\frac{\partial T}{\partial v}\right)_s = -\left(\frac{\partial p}{\partial s}\right)_v \quad と相反の関係を用い,等温 (dT=0) 条件を適用すると,$$

$$\left(\frac{\partial h}{\partial s}\right)_T = T + v\left(\frac{\partial p}{\partial s}\right)_T = T - v\left(\frac{\partial T}{\partial v}\right)_p = T - \frac{1}{\beta}$$

これより等温線の傾斜は $T - (1/\beta)$ に等しい.

6・3　比熱に関する一般関係式 (General Relations from Specific Heat)

比熱は単位質量の物質を単位温度上昇させるために必要な熱量であり,定積比熱 c_v および定圧比熱 c_p は次のように表される.

$$c_v = \left(\frac{\partial q}{\partial T}\right)_v = \left(\frac{\partial u}{\partial T}\right)_v = T\left(\frac{\partial s}{\partial T}\right)_v \tag{6.3.1}$$

$$c_p = \left(\frac{\partial q}{\partial T}\right)_p = \left(\frac{\partial h}{\partial T}\right)_p = T\left(\frac{\partial s}{\partial T}\right)_p \tag{6.3.2}$$

等温変化における c_v と c_p の挙動は上式をそれぞれ v,p で偏微分し,マクスウェルの関係式を用いて整理し,次式となる.

$$\left(\frac{\partial c_v}{\partial v}\right)_T = T\left(\frac{\partial^2 p}{\partial T^2}\right)_v \tag{6.3.3}$$

$$\left(\frac{\partial c_p}{\partial p}\right)_T = -T\left(\frac{\partial^2 v}{\partial T^2}\right)_p \tag{6.3.4}$$

理想気体においては,両式とも右辺がゼロとなり,温度一定条件下では比熱が体積,温度によらず一定となることが示される.

　また,エントロピーと比熱の関係では,次式が得られる.

$$Tds = c_v dT + T\left(\frac{\partial p}{\partial T}\right)_v dv \tag{6.3.5}$$

$$Tds = c_p dT - T\left(\frac{\partial v}{\partial T}\right)_p dp \tag{6.3.6}$$

上式を初状態1から終状態2まで積分すると,状態変化に伴うエントロピーの変化を次のいずれかの式より計算することができる.

$$s_2 - s_1 = \int_{T_1}^{T_2} \frac{c_v}{T} dT + \int_{v_1}^{v_2} \left(\frac{\partial p}{\partial T}\right)_v dv \tag{6.3.7}$$

$$s_2 - s_1 = \int_{T_1}^{T_2} \frac{c_p}{T} dT - \int_{p_1}^{p_2} \left(\frac{\partial v}{\partial T}\right)_p dp \tag{6.3.8}$$

定圧比熱と定容比熱の間には以下の関係が得られる.

$$c_p - c_v = -T\left(\frac{\partial v}{\partial T}\right)_p^2 \left(\frac{\partial p}{\partial v}\right)_T \tag{6.3.9}$$

等温圧縮率(isothermal compressibility) α および体膨張係数 β を用いると以下のマイヤーの関係(Mayer relation)が得られる.

$$c_p - c_v = \frac{vT\beta^2}{\alpha} \tag{6.3.10}$$

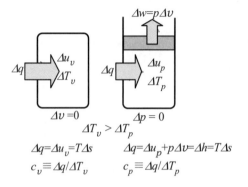

$\Delta T_v > \Delta T_p$

$\Delta q = \Delta u_v = T\Delta s \qquad \Delta q = \Delta u_p + p\Delta v = \Delta h = T\Delta s$

$c_v \equiv \Delta q / \Delta T_v \qquad c_p \equiv \Delta q / \Delta T_p$

図 6.4　定積比熱と定圧比熱

表 6.2　体積,圧力の変化率

等温圧縮率 α
$\alpha = -\dfrac{1}{v}\left(\dfrac{\partial v}{\partial p}\right)_T$
体膨張係数 β
$\beta = \dfrac{1}{v}\left(\dfrac{\partial v}{\partial T}\right)_p$
圧力係数 γ
$\gamma = \dfrac{1}{p}\left(\dfrac{dp}{dT}\right)_v$

マイヤーの関係は，任意の物質に関して適応される一般関係式であり，気体，液体，固体に対して，体膨張係数 β と等温圧縮率 α を用いて，定圧比熱から定容比熱を求める際に用いられる．

【例6.5】マイヤーの関係式 $c_p - c_v = \dfrac{vT\beta^2}{\alpha}$ を導出せよ．

【解6.5】定圧比熱 c_p，エンタルピ $h(s,p)$ の定義より，

$$c_p = \left(\frac{dq}{dT}\right)_p = \left(\frac{dh}{dT}\right)_p = T\left(\frac{ds}{dT}\right)_p$$

また，定容比熱 c_v，内部エネルギ $u(s,v)$ の定義より

$$c_v = \left(\frac{dq}{dT}\right)_v = \left(\frac{du}{dT}\right)_v = T\left(\frac{ds}{dT}\right)_v$$

エントロピー s を $s(T,v)$ および $s(T,p)$ と表し，各々の全微分より

$$ds = \left(\frac{ds}{dT}\right)_v dT + \left(\frac{ds}{dv}\right)_T dv, \quad ds = \left(\frac{ds}{dT}\right)_p dT + \left(\frac{ds}{dp}\right)_T dp$$

これらに T を乗じ，マクスウェルの関係式を用いると，

$$Tds = T\left(\frac{ds}{dT}\right)_p dT + T\left(\frac{ds}{dp}\right)_T dp = c_p dT + T\left(\frac{ds}{dT}\right)_T dp = c_p dT - T\left(\frac{dv}{dT}\right)_p dp$$

$$Tds = T\left(\frac{ds}{dT}\right)_v dT + T\left(\frac{ds}{dv}\right)_T dv = c_v dT + T\left(\frac{ds}{dv}\right)_T dv = c_v dT + T\left(\frac{dp}{dT}\right)_v dv$$

2式から Tds を消去し，

$$dT = \frac{T}{c_p - c_v}\left\{\left(\frac{dv}{dT}\right)_p dp + \left(\frac{dp}{dT}\right)_v dv\right\}$$

また，$T(p,v)$ の全微分と比較すると

$$dT = \left(\frac{dT}{dp}\right)_v dp + \left(\frac{dT}{dv}\right)_p dv = \frac{T}{c_p - c_v}\left\{\left(\frac{dv}{dT}\right)_p dp + \left(\frac{dp}{dT}\right)_v dv\right\} \text{より}$$

$$\left(\frac{dT}{dp}\right)_v = \frac{T}{c_p - c_v}\left(\frac{dv}{dT}\right)_p \text{ および } \left(\frac{dT}{dv}\right)_p = \frac{T}{c_p - c_v}\left(\frac{dp}{dT}\right)_v \text{ が得られる．}$$

これらはどちらも同じ以下の関係を示している．

$$c_p - c_v = T\left(\frac{dv}{dT}\right)_p \bigg/ \left(\frac{dT}{dp}\right)_v = T\left(\frac{dv}{dT}\right)_p\left(\frac{dv}{dT}\right)_v$$

ここで，p, v, T に関する循環の関係式 $\left(\dfrac{\partial p}{\partial v}\right)_T\left(\dfrac{\partial v}{\partial T}\right)_p\left(\dfrac{\partial T}{\partial p}\right)_v = -1$ を用いて変形すると

$$c_p - c_v = T\left(\frac{dv}{dT}\right)_p\left(\frac{dp}{dT}\right)_v = -T\left(\frac{dv}{dT}\right)_p^2\left(\frac{dp}{dv}\right)_T = vT \times \frac{1}{v^2}\left(\frac{dv}{dT}\right)_p^2 \times v\bigg/\left(\frac{dv}{dp}\right)_T = \frac{vT\beta^2}{\alpha}$$

6・4 内部エネルギーとエンタルピーの一般関係式 (General Relations from Internal Energy and Enthalpy Changes)

内部エネルギー，エンタルピーの全微分は次式で表される．

$$du = c_v dT + \left\{ T\left(\frac{\partial p}{\partial T}\right)_v - p \right\} dv \tag{6.4.1}$$

$$dh = c_p dT + \left\{ v - T\left(\frac{\partial v}{\partial T}\right)_p \right\} dp \tag{6.4.2}$$

上式の各微係数 $\left(\frac{\partial u}{\partial v}\right)_T$, $\left(\frac{\partial u}{\partial p}\right)_T$, $\left(\frac{\partial h}{\partial v}\right)_T$, $\left(\frac{\partial h}{\partial p}\right)_T$ は任意の物質の状態式が $v = v(p,T)$, $p = p(T,v)$ の形で与えられた場合，内部エネルギーまたはエンタルピーを解析的に導くことに利用される．

内部エネルギー一定（$du=0$）またはエンタルピー一定（$dh=0$）の条件での状態変化に対しては，

$$-\left(\frac{\partial T}{\partial v}\right)_u = \frac{1}{c_v}\left\{ T\left(\frac{\partial p}{\partial T}\right)_v - p \right\} = \frac{T^2}{c_v}\left\{ \frac{\partial (p/T)}{\partial T} \right\}_v \tag{6.4.3}$$

$$\mu = \left(\frac{\partial T}{\partial p}\right)_h = \frac{1}{c_p}\left\{ T\left(\frac{\partial v}{\partial T}\right)_p - v \right\} = \frac{T^2}{c_p}\left\{ \frac{\partial (v/T)}{\partial T} \right\} \tag{6.4.4}$$

なる関係が導出され，それぞれ自由膨張における温度降下，絞り膨張の温度変化が示される．特に，μ をジュール・トムソン係数と呼ぶ．理想気体では温度降下はいずれもゼロである．

(T_1, v_1) から (T_2, v_2) への状態変化に伴う内部エネルギーの変化は式(6.4.1)を積分して次のように求めることができる．

$$u_2 - u_1 = \int_{T_1}^{T_2} c_v dT + \int_{v_1}^{v_2} \left\{ T\left(\frac{\partial p}{\partial T}\right)_v - p \right\} dv \tag{6.4.5}$$

同様に，(p_1, T_1) から (p_2, T_2) への状態変化に伴うエンタルピーの変化は式(6.4.2)より次式となる．

$$h_2 - h_1 = \int_{T_1}^{T_2} c_p dT + \int_{p_1}^{p_2} \left\{ v - T\left(\frac{\partial v}{\partial T}\right)_p \right\} dp \tag{6.4.6}$$

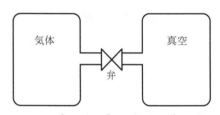

$$dq = 0 , dw = 0 \quad \therefore \quad du = 0$$

自由膨張：$dv > 0$

図 6.5 自由膨張

【例 6.6】理想気体においては内部エネルギーは比体積，圧力にはよらず，温度のみの関数となることを示せ．

【解 6.6】内部エネルギーの全微分 $du = c_v dT + \left\{ T\left(\frac{\partial p}{\partial T}\right)_v - p \right\} dv$ の微係数より，

$$\left(\frac{\partial u}{\partial v}\right)_T = \left\{ T\left(\frac{\partial p}{\partial T}\right)_v - p \right\} = T^2\left\{ \frac{\partial (p/T)}{\partial T} \right\}_v$$

一方，$du = Tds - pdv$ を温度一定として dp で除し，マクスウェルの式より

$$\left(\frac{\partial u}{\partial p}\right)_T = T\left(\frac{\partial s}{\partial p}\right)_T - p\left(\frac{\partial v}{\partial p}\right)_T = -T\left(\frac{\partial v}{\partial T}\right)_p - p\left(\frac{\partial v}{\partial p}\right)_T$$

理想気体の状態方程式 $pv = RT$ より，

$$\left(\frac{\partial u}{\partial v}\right)_T = T^2\left\{ \frac{\partial (p/T)}{\partial T} \right\}_v = T^2\left\{ \frac{\partial (R/v)}{\partial T} \right\}_v = 0$$

$$\left(\frac{\partial u}{\partial p}\right)_T = -T\left(\frac{\partial v}{\partial T}\right)_p - p\left(\frac{\partial v}{\partial p}\right)_T = -T\frac{R}{p} - p\frac{-v}{p} = 0$$

よって，内部エネルギーは比体積，圧力の変化によって変わらず，温度のみの関数である．

6・5　ジュール・トムソン効果　(Joule-Thomson Effect)

気体の絞り現象において速度が低く運動エネルギーが無視できる場合，エンタルピーは一定 (dh = 0) とみなせるが，圧力の降下にともない一般に温度変化が生じる．この現象はジュール・トムソン効果(JT 効果，Joule-Thomson effect)と呼ばれ，流体が絞り膨張をするときの単位圧力降下に対する温度降下を示す係数 μ をジュール・トムソン係数(Joule–Thomson coefficient)という．

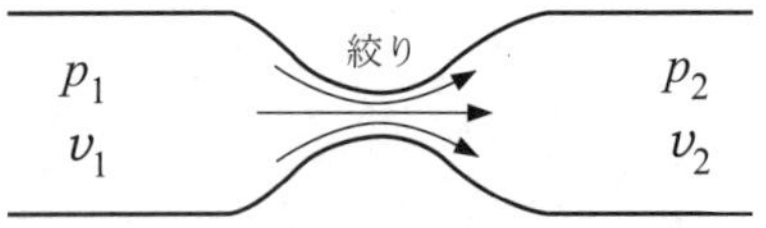

$$\mu = \left(\frac{\partial T}{\partial p}\right)_h = \frac{1}{c_p}\left\{T\left(\frac{\partial v}{\partial T}\right)_p - v\right\} = \frac{T^2}{c_p}\left\{\frac{\partial(v/T)}{\partial T}\right\} \tag{6.5.1}$$

μ が正のときは圧力が下がると温度が降下し，負のとき温度は上昇する．
なお，理想気体では，その状態方程式（$pv = RT$）より，(6.5.2)式が成り立ち，$\mu = 0$ となり，JT 効果は生じない．

$$\left(\frac{\partial v}{\partial T}\right)_p = \frac{v}{T} \tag{6.5.2}$$

実在気体では，一定圧力下での温度による体積変化を体膨張係数 β で表現すると，JT 係数は(6.5.3)式となる．

$$\mu = \left(\frac{\partial T}{\partial p}\right)_h = \frac{1}{c_p}\left\{T\left(\frac{\partial v}{\partial T}\right)_p - v\right\} = \frac{v(T\beta - 1)}{c_p} \tag{6.5.3}$$

実在気体では，低温では体膨張係数が大きく $T\beta > 1$ となり JT 係数は正となり，等エンタルピー条件下での圧力低下に対して温度が低下し，高温では，膨張の効果が減り $T\beta < 1$，JT 係数が負となり，膨張によって温度上昇が生じることを示す．$T\beta = 1$ なる条件が成立する温度では JT 効果は生じず，この温度を逆転温度(inversion temperature)という．

6・6　相平衡とクラペイロン・クラウジウスの式　(Phase Equilibrium and Clapeyron-Clausius Equation)

純物質は温度，圧力により固体，液体，気体の3相に変化し，異なる相が共存している状態を相平衡（Phase equilibrium）と呼ぶ．相平衡状態では温度と圧力の間には一定の関係があり，特に，3つの相が共存している状態は温度と圧力が一意に決まり三重点と呼ばれる．熱力学の一般関係式は物質がどのような相にあっても成立し，相平衡状態ではクラペイロン・クラウジウスの式（Clapeyron-Clausius equation）が成立する．

$$\frac{\mathrm{d}p}{\mathrm{d}T} = \frac{r}{T(v'' - v')}$$

ここで，v''，v' は飽和蒸気，飽和液の比体積，r は相平衡状態での蒸発熱（latent heat of vaporization）であり，上式は蒸発曲線（気液共存線）の傾斜 dp/dT を表す．また，上式は固相と液相，固相と気相の間の平衡にも適用できる．

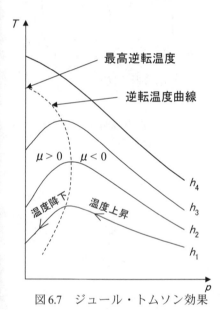

$dq = 0$, $p_1 v_1 + u_1 = p_2 v_2 + u_2$ ∴ $dh = 0$

絞り膨張（等エンタルピー膨張）

$v_2 > v_1$, $p_2 < p_1$

図 6.6　絞り膨張

図6.7　ジュール・トムソン効果

【例 6.7】相平衡状態では気相・液相の自由エネルギーが一致することから，クライペイロン・クラウジウスの式を導出せよ．

【解 6.7】相平衡状態では，飽和液の自由エネルギーg'と飽和蒸気の自由エネルギーg''が等しく，$g'(p,T)=g''(p,T)$となる．状態が僅かに変化しても相平衡が成立しているとギブスエネルギーは一致することから，$g'+\mathrm{d}g'=g''+\mathrm{d}g''$が成立し，次式が成立つ．

$$\mathrm{d}g' = \mathrm{d}g''$$

自由エネルギーの全微分$\mathrm{d}g=\mathrm{d}h-\mathrm{d}(Ts)=v\mathrm{d}p-s\mathrm{d}T$より，

$$v'\mathrm{d}p-s'\mathrm{d}T=v''\mathrm{d}p-s''\mathrm{d}T,$$

よって，$\dfrac{\mathrm{d}p}{\mathrm{d}T}=\dfrac{s''-s'}{v''-v'}$

また，相平衡状態での蒸発熱をrとすると，蒸発の際の温度が一定であることからエントロピーの変化は$s''-s'=r/T$，よって，$\dfrac{\mathrm{d}p}{\mathrm{d}T}=\dfrac{r}{T(v''-v')}$となる．

【例 6.8】p-T線図上で水の固液共存曲線が負の勾配を持つ理由を，クラペイロン・クラウジウスの式を用いて説明せよ．

【解 6.8】クラペイロン・クラウジウスの式$\dfrac{dp}{dT}=\dfrac{r}{T(v''-v')}$は飽和曲線の傾きを示す．氷と水の平衡状態では，氷から水への相変化に必要な潜熱（融解熱）$r>0$，融点$T>0$であり，さらに水の比体積v''は氷の比体積v'よりも小さく$v''-v'<0$となる．よって，$\dfrac{dp}{dT}<0$となり，水では固体から液体への相変化で体積が減少するため，共存曲線が負の勾配を持つことになる．

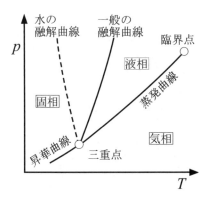

図 6.8 相平衡図（$p-T$線図）

====== 練習問題 =====================

【6・1】Derive the total differential of pressure dp from the ideal gas equation of state, $pv=RT$.

【6・2】理想気体に関して，温度Tは状態量であることを示せ．

【6・3】理想気体がp_1, v_1の状態から$p_1-\Delta p$, $v_1+\Delta v$の状態へ膨張し外部へ行なう仕事Δlは状態量でないことを，膨張過程が等圧膨張→等積冷却の順に変化する場合と等積冷却→等圧膨張の順に変化する場合に異なることを示し証明せよ．

【6・4】Derive the equation of circulation using the ideal gas equation of state $\rho v=RT$.

【6・5】理想気体 1kg において熱力学第一法則は$dq=c_v dT+\rho dv$と表される．熱量qが状態量でないことを証明せよ．

【6・6】Show the relation of reciprocity between the derivatives of temperature and pressure of ideal gas.

【6・7】Derive the total differential of Gibbs's free energy, g.

【6・8】ヘルムホルツ自由エネルギー f, およびギブス自由エネルギー g が状態量であるための条件を全微分の式 $df = du - d(Ts) = -\rho dv - sdT$, $dg = dh - d(Ts) = vd\rho - sdT$ から求め，マクスウェルの熱力学的関係式の一部を導出せよ．

【6・9】理想気体では $c_\rho - c_v = R$ となることを証明せよ．

【6・10】Derive the temperature rise in water when water at 25°C is compressed adiabatically from 101.3kPa to 10MPa. The volume expansion coefficient, specific volume, and specific heat of water at constant pressure are $\beta = 0.257 \times 10^{-3} / K$, $\upsilon = 0.001 m^3 / kg$, $c_\rho = 4.1793 kJ / (kg / K)$, respectively.

【6・11】等温圧縮率 α, 体膨張係数 β, 圧力係数 γ の定義式を示せ．

【6・12】Prove that the enthalpy of an ideal gas is expressed as a function of only temperature and not of volume and pressure.

【6・13】Derive the general equation of the Joule–Thomson (JT) coefficient , $\mu \equiv \left(\dfrac{\partial T}{\partial p} \right)_h$.

【6・14】Derive the JT coefficient to real gas, Eq. (6.5.3).

【6・15】クラペイロン・クラウジウスの式を用いて，飽和蒸気圧の近似式（圧力と温度の関係式）を導出せよ．

【6・16】Determine the approximate saturated vapor pressure at 105°C from the Clapeyron-Clausius equation . At the boiling point of water (101.3kPa, 100°C), the latent heat is $\gamma = 2255 kJ / kg$, and the specific volumes of saturated liquid and saturated vapor are $v' = 0.0010435 m^3/kg$ and, $v'' = 1.673 m^3/kg$, respectively.

【6・17】$p-\upsilon$ 線図上でファンデルワールス気体の飽和液線および飽和蒸気線を求める方法を示せ．

第7章

化学反応と燃焼

Chemical Reaction and Combustion

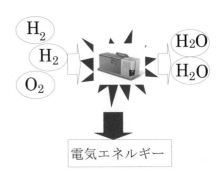

図 7.1 化学反応からの電気エネルギーの直接抽出

7・1 化学反応・燃焼とエネルギー (chemical reaction, combustion and energy)

この章では化学組成(chemical composition)が変化する化学反応(chemical reaction)と，化学反応の中で大きな発熱を伴う反応である燃焼(combustion)について述べる．化学反応を扱うために，モル (mol) 単位で扱う．/mol H_2 という記述は，水素 H_2 1 mol あたりを意味する．

反応前と反応後でエネルギーのレベルが変化することを電気あるいは熱という形でエネルギーを抽出することを目的に化学反応が用いられる．水素 (Hydrogen) H_2 の次の式(7.1)の化学反応について考える．

$$H_2 + \frac{1}{2}O_2 \rightarrow H_2O \tag{7.1}$$

図 7.2 燃焼反応からの熱エネルギーの抽出とサイクルを用いた変換

この反応は，図 7.1 のように燃料電池を用いることにより，電気エネルギーを直接取り出すことができる．一方，図 7.2 に示される燃焼と呼ばれる反応により，熱エネルギーを抽出することも可能である．

化学反応は物質の生成を目的とすることも多く，その例として二次エネルギーの水素 H_2 を，一次エネルギーの天然ガスの主成分であるメタン CH_4 から生成する次の反応がある．

$$CH_4 + H_2O \rightarrow 3H_2 + CO \tag{7.2}$$

この反応がどの程度進行するか，また，温度，圧力などはどのような影響を及ぼすのかは化学平衡(chemical equilibrium)の分野である．

図 7.3 化学反応での反応物と生成物

7・2 化学反応とエネルギー変換 (chemical reaction and energy conversion)

7・2・1 反応熱と標準生成エンタルピー (heat of reaction and standard enthalpy of formation)

化学反応において，図 7.3 にあるように反応前の物質は反応物(reactant)，反応後のものは生成物(product)と呼ばれる．生成物と反応物の間のエンタルピー差を反応熱(heat of reaction)といい，$\Delta_r H$ (J/mol fuel)で表す．反応熱とは，温度と圧力一定のとき，化学組織だけが反応物から生成物に変化したときのエンタルピー差であり，図 7.4 に発熱反応と吸熱反応の場合を示す．

反応熱の計算に必要な反応物と生成物のエンタルピー差を求めるために，基準となる物質を決めておいて，この物質から相対的なエンタルピーの差を求められるように定義にしたのが "生成エンタルピー(enthalpy of formation)" であり，$\Delta_f H$ と表す．基準となる物質を標準物質(reference substance)といい

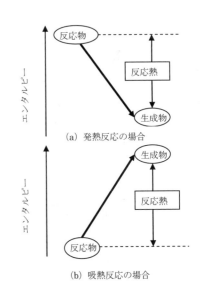

(a) 発熱反応の場合

(b) 吸熱反応の場合

図 7.4 反応熱

H_2，N_2，O_2，C（グラファイト），S（硫黄）などがある．ここで，圧力 1 気圧 (0.1013MPa) において標準物質からある物質を生成するときのエンタルピーを標準生成エンタルピー(standard enthalpy of formation)と呼び，$\Delta_f H^\circ$ と記される．代表的な化学種の標準生成エンタルピーを表 7.1 に，またその大小関係を図 7.5 に示す．

表7.1　標準生成エンタルピー $\Delta_f H^\circ$ （kJ / mol）

温度 (K)	CH_4	CO	CO_2	C_2H_2	H	H_2
298.15	-74.873	-110.527	-393.522	226.731	217.999	0
500	-80.802	-110.003	-393.666	226.227	219.254	0
1000	-89.849	-111.983	-394.623	223.669	222.248	0
1500	-92.553	-115.229	-395.668	221.507	224.836	0
2000	-92.709	-118.896	-396.784	219.933	226.898	0
2500	-92.174	-122.994	-398.222	218.528	228.518	0
3000	-91.705	-127.457	-400.111	217.032	229.790	0
温度 (K)	H_2O (g)	NO	N_2	OH	O_2	C_2H_4
298.15	-241.826	90.291	0	38.987	0	52.467
500	-243.826	90.352	0	38.995	0	46.641
1000	-247.857	90.437	0	38.230	0	38.183
1500	-250.265	90.518	0	37.381	0	35.456
2000	-251.575	90.494	0	36.685	0	34.894
2500	-252.379	90.295	0	35.992	0	34.743
3000	-253.024	89.899	0	35.194	0	34.269

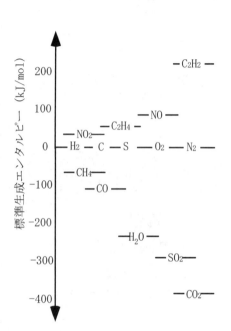

図 7.5　298.15 K の標準生成エンタルピー

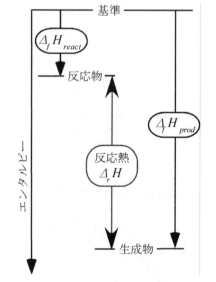

図 7.6　反応物・生成物の標準生成エンタルピーと反応熱の関係

図 7.6 のように，反応熱 $\Delta_r H$ を求めるのに，生成物の生成エンタルピーから，反応物の生成エンタルピーを差し引くことにより，次式により求めることができる．

$$\Delta_r H^\circ(T_0) = \sum_{\text{prod}} n_i \Delta_f H_i^\circ - \sum_{\text{react}} n_i \Delta_f H_i^\circ \tag{7.4}$$

【例 7.1】アセチレン C_2H_2 が空気 $O_2 + 3.76N_2$ と下記の燃焼反応をするときの反応熱を求めよ。温度は 298.15K（T_0）とする。
$$C_2H_2 + 2.5(O_2 + 3.76N_2) \rightarrow 2CO_2 + H_2O + 2.5 \times 3.76N_2$$

【解 7.1】N_2 は反応に関与しないことを考慮すると

$$\Delta_r H^\circ(T_0) = \left(2\Delta_f H^\circ_{CO_2} + \Delta_f H^\circ_{H_2O}\right) - \left(\Delta_f H^\circ_{C_2H_2} + 2.5\Delta_f H^\circ_{O_2}\right)$$
$$= 2 \times (-393.522) + (-241.826) - (226.731 + 0)$$
$$= -1255.601 \, kJ / mol \, C_2H_2 \tag{7.3}$$

7・2・2　ギブス自由エネルギー変化と標準生成ギブス自由エネルギー(Gibbs free energy change and standard Gibbs free energy of formation)

水素の化学エネルギーを燃焼させずに電気エネルギーに変換する燃料電池を

図 7.7 に示す．陰極側に水素 H_2 を，陽極側に酸素 O_2 を供給する．水素 H_2 は水素イオン $2H^+$ と電子 $2e^-$ に分離し，水素イオン H^+ は膜を浸透して陽極側に移動し，また電子は外部回路をとおって陽極側に到達する．陽極側では，水素イオン H^+ と電子 e^- と酸素 O_2 が反応して H_2O が生成される．すなわち，

$$陰極： H_2 \rightarrow 2H^+ + 2e^- \tag{7.5}$$

$$陽極： \frac{1}{2}O_2 + 2H^+ + 2e^- \rightarrow H_2O \tag{7.6}$$

これらの 2 つの反応をたしあわせると，

$$H_2 + \frac{1}{2}O_2 \rightarrow H_2O \tag{7.7}$$

になり，反応式は燃焼の化学反応と同じである．この取り出し得る電気エネルギーは，5 章で述べたギブス自由エネルギー $G = H - TS$ が，反応により化学組織が変化する場合に該当する．化学反応の前後で，温度と圧力が変わらない簡単な系で，反応前 $(H_2 + 1/2 O_2)$ と反応後 (H_2O) のギブス自由エネルギー変化 $\Delta G = \Delta H - T\Delta S$ は取り出し得る最大仕事（電気エネルギー）を与える．また、電気エネルギーに変換する際も発熱が生じ，反応(7.3)の反応熱 $\Delta_r H$ と取り出し得る仕事（電気エネルギー）ΔG との差が発熱量となる．

標準物質からある物質を生成するときに要するギブス自由エネルギーを標準生成ギブス自由エネルギー(standard Gibbs free energy of formation)と定義し，$\Delta_f G°$ と表し，

$$\Delta_f G° = \Delta_f H° - T\Delta S \tag{7.8}$$

の関係式を満足する．$\Delta_f G°$ は，$\Delta_f G° = 0$ とした標準物質からの差を表しており、その大小関係を図 7.8 に示す．表 7.2 に代表的な物質の標準生成ギブス自由エネルギーを，表 7.3 に絶対エントロピー $S°$ を示す．

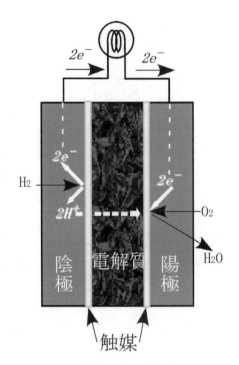

図 7.7　燃料電池

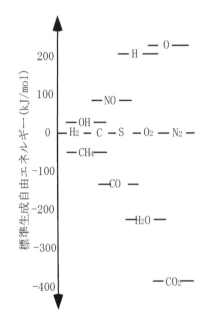

図 7.8　298.15 K の標準生成自由エネルギー

表7.2　標準生成ギブス自由エネルギー $\Delta_f G°$ (kJ/mol)

温度 K	CH$_4$	CO	CO$_2$	C$_2$H$_2$	H	H$_2$
298.15	-50.768	-137.163	-394.389	209.200	203.278	0
500	-32.741	-155.414	-394.939	197.453	192.957	0
1000	19.492	-200.275	-395.886	169.607	165.485	0
1500	74.918	-243.740	-396.288	143.080	136.522	0
2000	130.802	-286.034	-396.333	117.183	106.760	0
2500	186.622	-327.356	-396.062	91.661	76.530	0
3000	242.332	-367.816	-395.461	66.423	46.007	0
温度 K	H$_2$O (g)	NO	N$_2$	OH	O$_2$	C$_2$H$_4$
298.15	-228.582	86.600	0	34.277	0	68.421
500	-219.051	84.079	0	31.070	0	80.933
1000	-192.590	77.775	0	23.391	0	119.122
1500	-164.376	71.425	0	16.163	0	160.331
2000	-135.528	65.060	0	9.197	0	202.070
2500	-106.416	58.720	0	2.404	0	243.880
3000	-77.163	52.439	0	-4.241	0	285.743

表7.3 絶対エントロピー $S°$ (J/(mol·K))

温度 K	CH_4	CO	CO_2	C_2H_2	H	H_2
298.15	186.251	197.653	213.795	200.958	114.716	130.680
500	207.014	212.831	234.901	226.610	125.463	145.737
1000	247.549	234.538	269.299	269.192	139.871	166.216
1500	279.763	248.426	292.199	298.567	148.299	178.846
2000	305.853	258.714	309.293	321.335	154.278	188.418
2500	327.431	266.854	322.890	339.918	158.917	196.243
3000	345.690	273.605	334.169	355.600	162.706	202.891
温度 K	H_2O(g)	NO	N_2	OH	O_2	C
298.15	188.834	210.758	191.609	183.708	205.147	5.740
500	206.534	226.263	206.739	199.066	220.693	11.662
1000	232.738	248.536	228.170	219.736	243.578	24.457
1500	250.620	262.703	241.880	232.602	258.068	33.718
2000	264.769	273.128	252.074	242.327	268.748	40.771
2500	276.503	281.363	260.176	250.202	277.290	46.464
3000	286.504	288.165	266.891	256.824	284.466	51.253

【例 7.2】 298.15 K のときの二酸化炭素が，標準物質の C と O_2 から生成される反応 $C + O_2 \rightarrow CO_2$ において，$\Delta_f G°$ と $\Delta_f H° - T\Delta S$ を求めて，これらが等しいことを確かめよ.

【解 7.2】 表 7.2 より

$$\Delta_f G°_{CO_2} = -394.389 \, kJ/mol \tag{7.11}$$

表 7.1 より

$$\Delta_f H°_{CO_2} = -393.522 \, kJ/mol \tag{7.11}$$

表 7.3 より

$$\Delta S = S°_{CO_2} - (S°_C + S°_{O_2})$$

$$= 213.795 - (5.740 + 205.147) \tag{7.11}$$

$$= 2.908 \, J/(mol·K)$$

ゆえに，$\Delta_f H° - T\Delta S = -393.522 - 298.15 \times 2.908 \times 10^{-3}$

$$= -394.389 \, kJ/mol$$

となり，式(7.8)左辺の $\Delta_f G°$ と右辺の $\Delta_f H° - T\Delta S$ は等しくなる.

　次の化学反応が 25 ℃ (T_0)，1 atm の一定温度，圧力で進行する場合に燃料電池によりどれだけの電気エネルギーを抽出できるかを考える.

$$H_2 + \frac{1}{2}O_2 \rightarrow H_2O \tag{7.12}$$

反応の前後におけるギブス自由エネルギー変化 ΔG は

$$\Delta G(T_0) = \left[\Delta_f G^\circ_{H_2O}(T_0) \right] - \left[\Delta_f G^\circ_{H_2}(T_0) + 1/2\Delta_f G^\circ_{O_2}(T_0) \right]$$
$$= -228.582 \ \text{kJ} / \text{mol} \, \text{H}_2 \tag{7.13}$$

となる．すなわち，H_2 1 mol あたり最大 228.582 kJ の仕事を取り出すことが可能である．

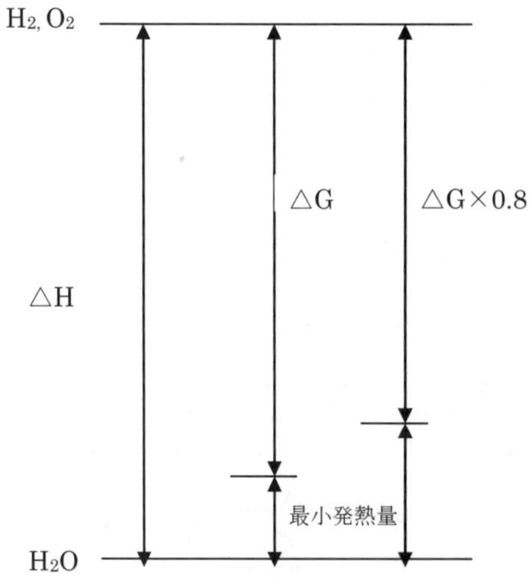

【例 7.3】水素 H_2 と空気 $\text{O}_2 + 3.76\text{N}_2$ を用いる固体高分子形燃料電池が，取り出し得る仕事の最大値の 80% を出力しているとき発熱量を推定せよ．ただし，温度は，298.15K とする．

【解 7.3】　反応熱は，

$$\Delta_r H = \Delta_f H^\circ_{H_2O} - \left(\Delta_f H^\circ_{H_2} + \frac{1}{2}\Delta_f H^\circ_{O_2} \right) = -241.826 \, \text{kJ} / \text{mol} \text{H}_2$$

燃料電池の発電量は，

$$0.8 \times \Delta G = 0.8 \times \left(\Delta_f G^\circ_{H_2O} - \left(\Delta + G^\circ_{H_2} + \frac{1}{2}\Delta_f G^\circ_{O_2} \right) \right) = 0.8 \times (-228.582)$$

$$= -182.8656 \ \text{kJ} / \text{mol} \text{H}_2$$

発熱量は $\Delta_r H - 0.8 \times \Delta G = -58.96 \, \text{kJ} / \text{mol} \text{H}_2$

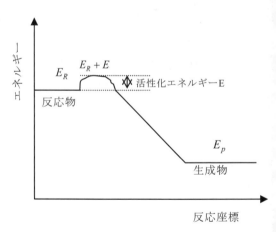

図 7.9　△H，△G と発熱量の関係

7・3　化学平衡 (chemical equilibrium)

7・3・1　反応速度と化学平衡 (reaction rate and chemical equilibrium)

水素と酸素から H_2O が生成される反応 $\text{H}_2 + 1/2\text{O}_2 \rightarrow \text{H}_2\text{O}$ において化学種 H_2O のモル濃度を $[\text{H}_2\text{O}](\text{mol/m}^3)$ と表し，$[\text{H}_2\text{O}]$ の時間に対する増加率 $d[\text{H}_2\text{O}]/dt$ を H_2O の反応速度(reaction rate)という．H_2 と O_2 から H_2O が生成する反応速度は，$[\text{H}_2]$ と $[\text{O}_2]^{1/2}$ の積 $[\text{H}_2][\text{O}_2]^{1/2}$ に比例し，比例定数 k を用いて以下の式(7.31)で表される．

$$\frac{d[\text{H}_2\text{O}]}{dt} = k[\text{H}_2][\text{O}_2]^{1/2} \tag{7.14}$$

k を反応速度定数(reaction rate coefficient)と呼び、これは図 7.10 に示される活性化エネルギーと温度の強い関数である。

　反応式 $\text{H}_2 + 1/2\text{O}_2 \rightarrow \text{H}_2\text{O}$ は，反応物の H_2 と O_2 がすべて生成物の H_2O に変換されるように記述されているが，実際は，わずかながら H_2 と O_2 が残存している．次の式(7.15)に示されるように，右辺から左辺への←で表される逆反応(reverse reaction)が→で表される順反応（forward reaction）と同時に生じていることを考えると，左辺と右辺の双方の物質が同時に存在する状態を考えることができる．

$$\text{H}_2 + \frac{1}{2}\text{O}_2 \rightleftarrows \text{H}_2\text{O} \tag{7.15}$$

この反応の右向き順反応の反応速度定数を k_f，左向きの逆反応の反応速度定数を k_b とすると，化学種 H_2O の反応速度は，順反応による生成速度

図 7.10　反応過程と活性化エネルギーE

$k_f [\mathrm{H}_2][\mathrm{O}_2]^{1/2}$ と逆反応による消滅速度 $k_b [\mathrm{H}_2\mathrm{O}]$ の差し引きにより，時間に対して変化し，定常状態になると，

$$\frac{k_f}{k_b} = \frac{[\mathrm{H}_2\mathrm{O}]}{[\mathrm{H}_2][\mathrm{O}_2]^{1/2}} \tag{7.16}$$

が得られる．この右向きの順反応と左向きの逆反応がつりあって，化学組成が変化しない状態を化学平衡(chemical equilibrium)という．

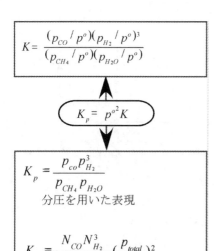

図 7.11　反応式 $\mathrm{CH}_4 + \mathrm{H}_2\mathrm{O} \rightleftarrows \mathrm{CO} + 3\mathrm{H}_2$ での平衡定数の表現

7・3・2　化学平衡の条件 (condition of chemical equilibrium)と平衡定数 (equilibrium constant)

温度と圧力が一定に保たれる反応系において，熱力学の第 2 法則 $\mathrm{d}S \geq \delta Q/T$ と熱力学の第 1 法則 $\mathrm{d}U = \delta Q - p\mathrm{d}V$ から，ギブス自由エネルギー $G = H - TS$ を定温定圧の条件で微分すると，$\mathrm{d}G \leq 0$ が得られる．これは，図 7.11 のように定温定圧変化では，ギブス自由エネルギーが減少するように変化が進み，$\mathrm{d}G = 0$ で変化が止まることを意味している．すなわち，温度と圧力が一定のもとでの化学平衡とは，$\mathrm{d}G = 0$ の条件を平衡組成が満たすことである．

水素 H_2 をメタン CH_4 と水蒸気 $\mathrm{H}_2\mathrm{O}$ から生成する例で化学平衡を説明する．すなわち，反応物のメタン CH_4 1 mol と $\mathrm{H}_2\mathrm{O}$ 1 mol がたとえば全圧 p：1 atm(0.1013 MPa)，温度 T：1000 K の初期状態から反応が始まると，p と T が一定でどの程度平衡が右辺の H_2 側にいくかを考える．

$$\mathrm{CH}_4 + \mathrm{H}_2\mathrm{O} \leftrightarrow \mathrm{CO} + 3\mathrm{H}_2 \tag{7.17}$$

右辺の生成物と左辺の反応物のギブス自由エネルギー変化 $\Delta G°(p°)$ と，気体各成分の自由エネルギーが，温度一定で $p°$ (1 atm) から p まで圧力が変化する場合などを考え，化学平衡の条件 $\Delta G(p) = 0$ を用いると，

$$RT \ln \left[\frac{(p_{\mathrm{CO}}/p°)(p_{\mathrm{H}_2}/p°)^3}{(p_{\mathrm{CH}_4}/p°)(p_{\mathrm{H}_2\mathrm{O}}/p°)} \right] = -\Delta G°(p°) \tag{7.18}$$

が得られる．この関係式を気体の各成分の分圧 p_{CH_4}，$p_{\mathrm{H}_2\mathrm{O}}$，$p_{\mathrm{CO}}$，$p_{\mathrm{H}_2}$ が満たせば，化学平衡の条件を満足している．また，平衡定数 K は，

$$K = \frac{(p_{\mathrm{CO}}/p°)(p_{\mathrm{H}_2}/p°)^3}{(p_{\mathrm{CH}_4}/p°)(p_{\mathrm{H}_2\mathrm{O}}/p°)} \tag{7.19}$$

で，K は，式(7.18)より

$$K = \exp\left(-\frac{\Delta G°(p°)}{RT} \right) \tag{7.20}$$

の関係より，求められる．$p° = 1$ atm であり，分圧 p_{CH_4}，$p_{\mathrm{H}_2\mathrm{O}}$，$p_{\mathrm{CO}}$，$p_{\mathrm{H}_2}$ はすべて atm の単位である．式(7.19)の平衡定数 K に対して添字 p をつけた平衡定数 K_p は

$$K_p = \frac{p_{\mathrm{CO}} p_{\mathrm{H}_2}^3}{p_{\mathrm{CH}_4} p_{\mathrm{H}_2\mathrm{O}}} \tag{7.21}$$

で定義されている. この場合, 式(7.19)と式(7.21)を比較すると, $K_p = p^{\circ 2} K$ の関係がある. この $p^{\circ 2}$ の指数 2 は, 反応式(7.17)の右辺と左辺それぞれの量論係数の和の差し引き $(3+1)-(1+1)$ より求まる値である. 反応により, 異なる値になることに注意されたい. ここで, 式(7.16)の反応速度定数の比 k_f / k_b を, モル濃度で表された平衡定数 K_c といい,

$$K_c = \frac{k_f}{k_b} = \frac{[\mathrm{CO}][\mathrm{H}_2]^3}{[\mathrm{CH}_4][\mathrm{H}_2\mathrm{O}]} \tag{7.22}$$

となる. K_p と K_c の関係は, $K_p = K_c (RT)^2$ となる. 平衡定数 K, K_p と K_c の関係を図 7.11 に示す.

7・3・3 化学平衡に及ぼす圧力と温度の影響 (effects of temperature and pressure on chemical equilibrium)

化学平衡にある各成分の濃度が, 圧力が変化したときにどのような変化を示すかについて, 平衡定数に全圧 p_{total} を導入して考える. 化学平衡にある物質の全モル数を N_{total}, 物質 A のモル数を N_A としたときのモル分率は, N_A / N_{total} で, 分圧 p_A と全圧 p_{total} を用いると $p_A = (N_A / N_{\mathrm{total}}) p_{\mathrm{total}}$ の関係がある. 圧力（全圧）が変化すると化学組成が変化するのは, モル数が変化する反応のときである. 一般に $n_A \mathrm{A} + n_B \mathrm{B} \leftrightarrow n_C \mathrm{C} + n_D \mathrm{D}$ の反応において,

$$K_p = \frac{N_C^{n_C} N_D^{n_D}}{N_A^{n_A} N_B^{n_B}} \left(\frac{p_{\mathrm{total}}}{N_{\mathrm{total}}}\right)^{\Delta \nu} \tag{7.23}$$

$$\Delta \nu = (n_C + n_D) - (n_A + n_B) \tag{7.24}$$

で $\Delta \nu$ は生成物質と反応物質のモル数の差を表している. このことを図 7.12 で見てみよう. 温度が一定のとき K_p は一定なので, 圧力 p_{total} が増加するとき, $\Delta \nu$ が正の場合に $(N_C^{n_C} N_D^{n_D})/(N_A^{n_A} N_B^{n_B} N_{\mathrm{total}}^{\Delta \nu})$ は減少し, 逆に $\Delta \nu$ が負の場合に $(N_C^{n_C} N_D^{n_D})/(N_A^{n_A} N_B^{n_B} N_{\mathrm{total}}^{\Delta \nu})$ は増加する. 圧力が減少するときはその逆となる.

温度は, 平衡定数 K_p を介して化学組成に影響する.

$$K_p = \frac{p_C^{n_C} p_D^{n_D}}{p_A^{n_A} p_B^{n_B}}$$

分圧を用いた表現

$$K_p = \frac{N_C^{n_C} N_D^{n_D}}{N_A^{n_A} N_B^{n_B}} \left(\frac{p_{\mathrm{total}}}{N_{\mathrm{total}}}\right)^{\Delta \nu}$$

モル分圧を用いた表現

図7.12　反応式 $n_A A + n_B B \rightleftarrows n_C C + n_D D$ での平衡定数の表現

> 【例 7.4】エチレン $\mathrm{C}_2\mathrm{H}_4$ からアセチレン $\mathrm{C}_2\mathrm{H}_2$ と水素 H_2 を生成する反応を想定する.
>
> $$\mathrm{C}_2\mathrm{H}_4 \leftrightarrow \mathrm{C}_2\mathrm{H}_2 + \mathrm{H}_2$$
>
> 温度が 1000K と 1500K のときで, どの程度反応が進むのか求めよ. ただし, 全圧 p は 1atm とする. また, 温度 1500K で, 圧力 p を 1atm と 10atm では組成はどのようになるか求めよ.
>
> 【解 7.4】最初に $\mathrm{C}_2\mathrm{H}_4$ が 1 mol, $\mathrm{C}_2\mathrm{H}_2$, H_2 が 0 mol ある場合に温度 $T = 1000$ K における平衡組成を求める場合を考える. $\mathrm{C}_2\mathrm{H}_2$, H_2 がそれぞれ x mol ずつ生成したとすると, $\mathrm{C}_2\mathrm{H}_4$ は $(1-x)$ mol になる. したがって, 全モル数は $(1-x)+(x+x) = (1+x)$ mol になる. 分圧はモル分率を用いて表すと,

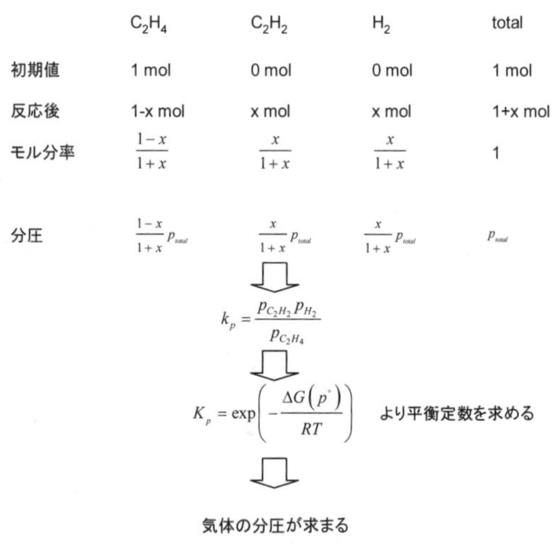

	C_2H_4	C_2H_2	H_2	total
初期値	1 mol	0 mol	0 mol	1 mol
反応後	1-x mol	x mol	x mol	1+x mol
モル分率	$\dfrac{1-x}{1+x}$	$\dfrac{x}{1+x}$	$\dfrac{x}{1+x}$	1
分圧	$\dfrac{1-x}{1+x}p_{total}$	$\dfrac{x}{1+x}p_{total}$	$\dfrac{x}{1+x}p_{total}$	p_{total}

$$k_p = \frac{p_{C_2H_2}p_{H_2}}{p_{C_2H_4}}$$

$$K_p = \exp\left(-\frac{\Delta G(p^\circ)}{RT}\right)\quad \text{より平衡定数を求める}$$

気体の分圧が求まる

図 7.13　例 7.4 の解法の流れ

$$p_{C_2H_4} = \frac{1-x}{1+x}p_{total} \tag{7.25}$$

$$p_{C_2H_2} = p_{H_2} = \frac{x}{1+x}p_{total} \tag{7.26}$$

となる. 平衡定数 K_p は,

$$K_p = \exp\left(-\frac{\Delta G(p^\circ)}{RT}\right) = \frac{x^2 p_{total}}{1-x^2} \tag{7.27}$$

となり, 表 7.2 より $T = 1000\ \mathrm{K}$ に対しては

$$\Delta G(p^\circ) = \Delta_f G^\circ_{C_2H_2} + \Delta_f G^\circ_{H_2} - \Delta_f G^\circ_{C_2H_4} = 50.485\ \mathrm{kJ/molC_2H_4}\ \text{なので,}$$

$$K_p = \exp\left(-\frac{50.485 \times 1000\,(\mathrm{kJ/kmol})}{8.315\,(\mathrm{kJ/(kmol\cdot K)}) \times 1000\,(\mathrm{K})}\right) = 0.0023 \tag{7.25}$$

また、$T = 1500\,\mathrm{K}$ に対して、$K_p = 3.987$ となる.

式（7.27）により計算すると，表 7.4 になる.

表 7.4　反応式 $C_2H_4 \leftrightarrow C_2H_2 + H_2$ の温度と圧力を変化させたときのモル数の変化

温度　K	圧力 P_{total}	C_2H_4	C_2H_2	H_2
1000	1	0.0850	0.1499	0.1499
1500	1	0.106	0.894	0.894
1500	10	0.466	0.534	0.534

温度 $T = 1000\,\mathrm{K}$ ではほとんど水素 H_2 が生成されないのが，$T = 1500\,\mathrm{K}$ をこえると急激に生成され，温度に対して強い依存性があることがわかる. また、圧力を増加させると水素の生成が抑制される.

【例 7.5】シフト反応は、CO に水蒸気を加え、H_2 を生成する反応で、その反応式は，

$$CO + H_2O = H_2 + CO_2 \tag{7.29}$$

で表される.

（1）　温度 500 K 、
　　　$p_{co} = 0.3\ \mathrm{atm},\ p_{H_2o} = 0.3\ \mathrm{atm}, p_{H_2} = 0.2\ \mathrm{atm}, p_{co_2} = 0.2\ \mathrm{atm}$
の気体混合物では，反応はどちらの方向へ進むか.

（2）　温度 500 K での平衡定数を求めよ.

（3）　1mol の CO と 1mol の H_2O がある場合，生成する平衡混合物中の H_2 のモル数を計算せよ. ただし，温度 500 K 、圧力 1 atm とする.

【解 7.5】

(1)

$$\Delta G = \left[\Delta_f G^{\circ}{}_{H_2} + RT \ln(p_{H_2}/p^{\circ})\right] + \left[\Delta_f G^{\circ}{}_{CO_2} + RT \ln(p_{CO_2}/p^{\circ})\right]$$
$$- \left[\Delta_f G^{\circ}{}_{CO} + RT \ln(p_{CO}/p^{\circ})\right] - \left[\Delta_f G^{\circ}{}_{H_2O} + RT \ln(p_{H_2O}/p^{\circ})\right]$$
$$= \left[\Delta_f G^{\circ}{}_{H_2} + \Delta_f G^{\circ}{}_{CO_2} - \Delta_f G^{\circ}{}_{CO} - \Delta_f G^{\circ}{}_{H_2O}\right]$$
$$+ RT \ln\left[(p_{H_2}/p^{\circ})(p_{CO_2}/p^{\circ})\right]/\left[(p_{CO}/p^{\circ})(p_{H_2O}/p^{\circ})\right]$$

$$= -394.939 - (-155.414 - 219.051)\times 1000 + (8.315)(500)\ln\left[(0.2)(0.2)/(0.3)(0.3)\right]$$
$$= -20.474 \times 1000 + 4157.5\ln(4/9) = -2384.5\,\text{J/mol} \tag{7.29}$$

ΔG が負の値を示すので，反応は右に向かって進む.

(2)

$$K = \exp(-\Delta G/RT) = \exp(-\Delta G/RT)$$
$$= \exp(-\frac{-20.474 \times 1000}{8.315 \times 500}) = 137.63 \tag{7.30}$$

(3) $\qquad CO(g) + H_2O(g) = H_2(g) + CO_2(g)$

初期モル数： $\quad 1 \qquad 1 \qquad 0 \qquad 0$

モル数： $\qquad (1-x) \quad (1-x) \quad x \qquad x$

全モル数： $(1-x) + (1-x) + x + x = 2$ mol

分圧 $\dfrac{(1-x)\times 1}{2} \quad \dfrac{(1-x)\times 1}{2} \quad \dfrac{x\times 1}{2} \quad \dfrac{x\times 1}{2} \quad$ atm

$$K = 137.63 \quad = \frac{(p_{H_2}/p^{\circ})(p_{CO_2}/p^{\circ})}{(p_{CO}/p^{\circ})(p_{H_2O}/p^{\circ})} \tag{7.31}$$
$$= x^2/(1-x)^2$$

整理して，

$$K_p = \frac{x^2}{(1-x)^2}$$
$$\pm\sqrt{K_p} = \frac{x}{(1-x)}$$
$$1 \geq x \geq 0$$
$$x = \frac{\sqrt{K_p}}{1+\sqrt{K_p}} = \frac{\sqrt{137.63}}{1+\sqrt{137.63}} = 0.921 \tag{7.32}$$

7・4　燃焼 (combustion)

燃料が酸素と反応して大きな熱発生を伴う反応が燃焼で，世界でエネルギーの85%を抽出するのに使用されている重要な反応である.

7・4・1　燃料 (fuel)

燃料は，石炭などの固体燃料(solid fuel)，石油などの液体燃料(liquid fuel)，天然ガスなどの気体燃料(gaseous fuel)に分類される.　固体燃料である石炭の燃

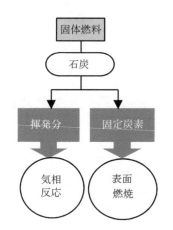

図7.14　固体燃料（石炭）の燃焼

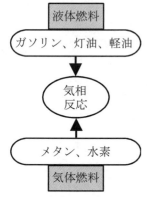

図7.15　液体燃料と気体燃料の燃焼

焼は，蒸発(evaporation)と熱分解(thermal cracking)によって発生した揮発分(volatile constituent)の気相反応(gas phase reaction)と，残った固定炭素(fixed carbon)（チャーchar）の表面燃焼(surface combustion)により生じる．液体燃料は，液面から蒸発した燃料蒸気が空気中の酸素と気相反応で燃焼する．無数の小さな液滴に微粒化させて蒸気が発生する表面積を飛躍的に増大させて燃焼させる噴霧燃焼(spray combustion)が代表的なものである．気相反応により燃焼する気体燃料は，燃料と空気を予め混合させて燃焼させる予混合燃焼(premixed combustion)と，燃料と空気を別々に供給し，燃焼室において両者がお互いに拡散するところで燃焼させる拡散燃焼(diffusion combustion)がある．

　このように燃焼反応は石炭のチャーの表面燃焼以外は気相反応であり，以下で対象とする燃焼は，気相反応する場合に限ることとする．

7・4・2　空燃比，燃空比，空気比，当量比 (air-fuel ratio, fuel-air ratio, air ratio, equivalence ratio)

燃料中の元素の炭素Cと水素HがそれぞれCO_2とH_2Oにすべて変わるときの燃焼反応を完全燃焼(complete combustion)といい，生成物中に未燃の燃料分やCやCOが含まれる場合を不完全燃焼(incomplete combustion)という．燃料の空気に対する濃度を表すものとして，当量比(equivalence ratio)ϕがある．当量比ϕは，量論燃空比に対する燃空比の比で

$$\phi = \frac{(F/A)}{(F/A)_{st}} \tag{7.33}$$

で表される．ここで燃空比(fuel-air ratio)F/Aは空気に対すると燃料の質量比で，完全燃焼するときのものを量論燃空比(stoichiometric fuel-air ratio)$(F/A)_{st}$という．空気比(air ratio)αは，量論空燃比に対する空燃比の比で

$$\alpha = \frac{(A/F)}{(A/F)_{st}} \left(= \frac{1}{\phi} \right) \tag{7.34}$$

で表される．ここで，空燃比(air-fuel ratio)A/Fは，燃料に対する空気の質量比で完全燃焼するときの量論空燃比(stoichiometric air-fuel ratio)$(A/F)_{st}$に対する比で空気比が定義される．当量比ϕと空気比αはお互いに逆数の関係にある．

$$\phi = \frac{1}{\alpha} \tag{7.35}$$

【例7.6】メチルアルコールCH_3OHが空気比1.5で完全燃焼する場合を考える．

(1) 必要空気量$(kmol/kmol\ CH_3OH)$，燃焼生成物の総量$(kmol/kmol\ CH_3OH)$を求めよ．

(2) 燃焼ガスの水分の質量分率を求めよ．

【解7.6】(1)空気比1.0で燃焼する場合は

$$CH_3OH + 1.5(O_2 + 3.76N_2) \rightarrow CO_2 + 2H_2O + 1.5 \times 3.76N_2$$

となるので，空気比1.5の場合は，

$$CH_3OH + 1.5 \times 1.5(O_2 + 3.76N_2)$$
$$\rightarrow CO_2 + 2H_2O + 0.5 \times 1.5O_2 + 1.5 \times 1.5 \times 3.76N_2$$

となる. 必要空気量は $1.5 \times 1.5 = 2.25\,\text{kmol} / \text{kmol}\,CH_3OH$ 燃焼生成物の総量は, $1 + 2 + 0.5 \times 1.5 + 1.5 \times 1.5 \times 3.76 = 12.21\,\text{kmol} / \text{kmol}\,CH_3OH$ になる.

(2)燃焼生成物の分子量 M を考慮すると質量分率は

$$\frac{2M_{H_2O}}{M_{CO_2} + 2M_{H_2O} + 0.5 \times 1.5 M_{O_2} + 1.5 \times 1.5 \times 3.76 \times M_{N2}}$$

$$= \frac{2 \times 18}{44 + 2 \times 18 + 0.5 \times 1.5 \times 32 + 1.5 \times 1.5 \times 3.76 \times 28} = 0.106$$

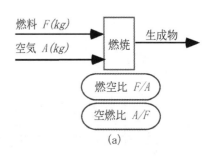

(a)

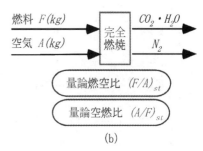

(b)

7・4・3 燃焼のエネルギーバランス (Energy balance in combustion)

図 7.17 に示されるように,燃料と空気が断熱された燃焼室に流入し,反応した後,流出する定常流れ系を考える. 系に出入りする熱量 Q と仕事 W は,外界とは断熱されていて熱の出入りがないので $Q = 0$,また,この流れ系は系の外に対して仕事をしないので,$W = 0$ となる. 反応物と生成物のエンタルピーもそれぞれ H_{react} と H_{prod} とすると,熱力学の第 1 法則により

$$Q - W = H_{\text{prod}} - H_{\text{react}}$$

したがって,

$$H_{\text{prod}} = H_{\text{react}} \tag{7.36}$$

この場合,燃焼により生じた,すなわち化学反応により解放された熱エネルギーは外に逃げないので,燃焼生成物の温度を上げることだけに用いられる. このように熱損失のないときの温度を理論火炎温度(theoretical flame temperature)または理論燃焼温度(theoretical combustion temperature)という. 理論火炎温度を求めるには反応熱を用いる. 7・2・1 項で述べた反応熱について以下の例題で復習してみよう.

当量比 $\quad \phi = \dfrac{F / A}{(F / A)_{st}}$

$\phi < 1$: 燃料希薄

$\phi > 1$: 燃料過濃

空気比 $\quad \alpha = \dfrac{A / F}{(A / F)_{st}}$

$\alpha > 1$: 燃料希薄

$\alpha < 1$: 燃料過濃

(c)

図7.16 燃料の濃度

【例 7.7】 Evaluate the heat of reaction $\Delta_r H^\circ$ for the combustion of C_3H_8 by making the equivalence ratio ϕ equal to 1.0, 0.833, and 0.714.

$\Delta_f H^\circ_{C_3H_8} = -103.9\,\text{kJ} / \text{mol}.$

【解 7.7】 The heat of reaction $\Delta_r H^\circ$ is evaluated by the following equation:

$$\Delta_r H^\circ = \Delta_f H^\circ{}_{prod} - \Delta_f H^\circ{}_{react} \tag{7.37}$$

$$C_3H_8 + \frac{1}{\phi} \times 5(O_2 + 3.76N_2) \rightarrow 3CO_2 + 4H_2O + \left(5\frac{1}{\phi} - 5\right)O_2 + \frac{1}{\phi} \times 18.8N_2 \tag{7.38}$$

The reaction can be written as follows:

$$C_3H_8 + 5O_2 + \left[\left(5\frac{1}{\phi} - 5\right)O_2 + \frac{5}{\phi} \times 3.76N_2\right]$$

$$\rightarrow 3CO_2 + 4H_2O + \left[\left(5\frac{1}{\phi} - 5\right)O_2 + \frac{5}{\phi} \times 3.76N_2\right] \tag{ex.7.12}$$

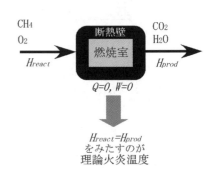

図7.17 理論火炎温度の条件

$\left[(5 / \phi - 5)O_2 5 \times 3.76 / \phi\alpha N_2\right]$ is included in both sides of the equation, so the

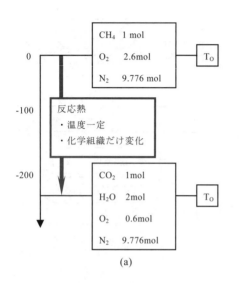

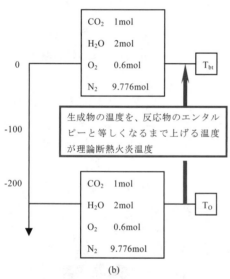

図 7.18 反応熱と理論断熱火炎温度の関

terms cancel out. $\Delta_r H°$ can be evaluated by the simplified reaction:

$$C_3H_8 + 5O_2 \rightarrow 3CO_2 + 4H_2O \tag{7.39}$$

Therefore, the heat of reaction $\Delta_r H°$ does not depend on the equivalence ratio ϕ. Using $\Delta_r H°$ in Table 7.1,

$$\Delta_r H° = \left[3\Delta_f H°_{CO_2} + 4\Delta + H°_{H_2O}\right] - \left[\Delta_f H°_{C_3H_8} + 5\Delta_f H°_{O_2}\right]$$

$$= \left[3 \times (-393.522) + 4 \times (-241.826)\right] - \left[3 \times (-103.9)\right] = -1836.17 \text{kJ/mol} \tag{7.40}$$

Note that although the heat of reaction $\Delta_r H°$ does not depend on the air ratio α, the theoretical flame temperature is affected by α because the volume of the product increases in direct proportion to the increase in α.

＊＊＊＊＊＊＊＊＊＊＊＊＊＊＊＊＊＊＊＊

7・4・4 理論火炎温度 (theoretical flame temperature)

メタンが空気比 1.3 で燃焼する

$$CH_4 + 1.3 \times 2 \times \left(O_2 + 3.76 \times N_2\right) \rightarrow CO_2 + 2H_2O + 0.6O_2 + 1.3 \times 2 \times 3.76N_2$$

$$\tag{7.41}$$

の反応において，反応熱 $\Delta_r H°$ を求め，これより理論火炎温度を求める．反応物のエンタルピー H_{react} と生成物のエンタルピー H_{prod} が等しいという条件を満たす理論火炎温度を求めるのに，温度 T_o において反応後の生成物のほうが反応前の反応物より反応熱 952.047 kJ/mol H_2 だけエンタルピーが低いことを補うために，生成物の温度を反応物の温度より高くする必要があり，この温度が理論火炎温度である．原理は同じであるが使用するデータの違いにより，以下の示す 2 つの方法で理論火炎温度を求めることができる．以下，例題により説明する．

【例 7.8】 式(7.41)の燃焼反応において， 1 つめの方法は， $T_0 = 298$ K と理論燃焼温度 T_{bt} の間の平均定圧比熱を与えて求める方法である．1 mol の燃料が燃焼したときに発生する燃焼ガスの mol 数を M_w(mol/mol fuel)，燃焼前温度 T_0 と理論火炎温度 T_{bt} の温度範囲での燃焼ガスの平均定圧比熱を C_p (J/(mol·K)) とする．

(1)反応熱 $\Delta_r H$、燃焼ガスの mol 数 M_w、比熱 C_p、のガス温度が T_0、T_{bt} の間で成立する関係式を求めよ．

(2)CH_4 1 mol あたり生成される燃焼ガスの mol 数 M_w を求めよ．

(3)理論火炎温度を 2000 K と仮定すると，H_2O，O_2，N_2 の成分からなる生成物の温度 298 K～2000 K の温度範囲での平均定圧比熱 C_{pm} は，表 7.15 により与えられる。燃焼ガス全体の平均比熱 C_{pm} を求めよ．

(4)理論燃焼温度 T_{bt} を求め、仮定した温度と比較せよ．

【解 7.8】 (1)発熱反応の反応熱 $\Delta_r H$ が負であることを考慮して，

$$M_w C_p (T_{bt} - T_0) = -\Delta_r H \tag{7.26}$$

(2) 燃焼ガスの mol 数 M_w は,

$$M_w = 1 + 2 + 0.6 + 1.3 \times 2 \times 3.76 = 13.376 \, \text{mol} / \text{mol} \, CH_4 \qquad (7.42)$$

(3)

$$C_{pm} = \frac{C_{pCO_2}^\circ(2000 \text{ K}) + 2C_{pH_2O}^\circ(2000 \text{ K}) + 0.6C_{pO_2}^\circ(2000 \text{ K}) + 9.776C_{pN_2}^\circ(2000 \text{ K})}{M_w}$$

$$= 36.07 \, \text{J} / (\text{mol} \cdot \text{K})$$

$$(7.43)$$

(4) $\quad T_{bt} = \dfrac{-\Delta_r H^\circ(T_0)}{C_{pm} \times M_w} + 298 = 1973 \text{ K}$

仮定した 2000 K の温度と近い温度となる.

表7.15　$298(T_0)$ K $\sim T$(K) の温度範囲での平均定圧比熱 C_p° (J/mol・K) と T(K) と $298(T_0)$ K のエンタルピー差 $H^\circ(T) - H^\circ(T_0)$ (kJ/mol)

T	C_p°				$H^\circ(T) - H^\circ(T_0)$			
	CO_2	H_2O	N_2	O_2	CO_2	H_2O	N_2	O_2
1000	47.564	37.008	30.576	32.352	33.397	26.000	21.463	22.703
1200	49.324	38.232	31.164	32.992	44.473	34.506	28.109	29.761
1400	50.732	39.438	31.696	33.536	55.896	43.493	34.936	36.957
1600	51.876	40.608	32.172	34.016	67.569	52.908	41.904	44.266
1800	52.888	41.706	32.592	34.400	79.431	62.693	48.978	51.673
2000	53.724	42.732	32.984	34.784	91.439	72.790	56.137	59.175
2200	54.428	43.686	33.292	35.104	103.562	83.153	63.361	66.769
2400	55.088	44.568	33.600	35.424	115.779	93.741	70.640	74.453
2600	55.616	45.360	33.852	35.712	128.073	104.520	77.963	82.224
2800	56.100	46.116	34.076	36.000	140.433	115.464	85.323	90.079
3000	56.540	46.800	34.300	36.288	152.852	126.549	92.715	98.013

2つめの方法は,燃焼前のエンタルピー $H_{react}(=0)$ と燃焼後のエンタルピー H_{prod} が等しくなる温度 T_{bt} をデータベースより探す方法である.すなわち,燃焼前と温度一定で組成だけが変化したことによる生成物のエンタルピー $\sum_{prod} n_i \Delta_f H_i^\circ(T_0)$ が図 7.18(a)の下線の位置で表され,この位置から生成物の各成分の $\int_{T_0}^{T_{bt}} C_p^\circ dT$ で表される温度上昇分が表 7.15 で $H^\circ(T) - H^\circ(T_0)$ の形でまとめられていることを利用する.以下、例題に従って説明する.

【例 7.9】(1) $T_{bt} = 2000$ K と仮定する。燃焼ガスの各成分についての $H^\circ(T) - H^\circ(T_0)$ を計算し、燃焼ガス全体のものを求めよ.

(2)仮定した温度が実際の温度より低いか高いか判定せよ.

(3) (2)に基づき、2000K と異なる温度を設定し、この場合の燃焼ガスの各成分についての $H^\circ(T) - H^\circ(T_0)$ を計算し、燃焼ガス全体のものを求めよ.

(4)内挿により，理論燃焼温度を求めよ.

$$\sum_{\text{prod}} n_i \text{D}_f H_i^\circ(T_0) = \Delta_f H_{CO_2}^\circ + 2\Delta_f H_{H_2O}^\circ + 0.6\Delta_f H_{O_2}^\circ + 1.3 \times 2 \times 3.76 \Delta_f H_{N_2}^\circ$$
$$= -877.174 \text{ kJ/mol} H_2 \tag{7.44}$$

$$\sum_{\text{prod}} n_i \left[H^\circ(T_{bt}) - H^\circ(T_0) \right]$$
$$= \left[H^\circ(T_{bt}) - H^\circ(T_0) \right]_{CO_2} + 2\left[H^\circ(T_{bt}) - H^\circ(T_0) \right]_{H_2O}$$
$$+ 0.6\left[H^\circ(T_{bt}) - H^\circ(T_0) \right]_{O_2} + 1.3 \times 2 \times 3.76\left[H^\circ(T_{bt}) - H^\circ(T_0) \right]_{N_2}$$
$$= 91.439 + 2 \times 72.790 + 0.6 \times 59.175 + 1.3 \times 2 \times 3.76 \times 56.137$$
$$= 821.319 kJ/mol CH_4$$

$$H_{\text{prod}} = \sum_{\text{prod}} n_i \left[H^\circ(T_{bt}) - H^\circ(T_0) \right] + \sum_{\text{prod}} n_i \text{D}_f H_i^\circ(T_0) \tag{7.45}$$

$$H_{\text{prod}} = 821.319 - 877.1174 = -55.855 kJ/mol CH_4$$

(2) $H_{\text{react}} = -74.873 \text{ kJ/mol } CH_4$ で H_{prod} は H_{react} より大きいので，$H_{\text{prod}} = H_{\text{react}}$ となる温度 T_{bt} は 2000 K より小さいことが推察される.

(3) $T_{bt} = 1800 K$ とすると，

$$\sum n_i \left[H^\circ(T_{bt}) - H^\circ(T_0) \right]$$
$$= 79.431 + 2 \times 62.693 + 0.6 \times 51.673 + 1.3 \times 2 \times 3.76 \times 48.978$$
$$= 714.630 \text{ kJ/mol} CH_4$$
$$H_{\text{prod}} = 706.412 - 877.174 = -162.544 kJ/mol CH_4$$

(4) H_{prod} は H_{react} より大きくなる. ゆえに求める温度，すなわち図 7.19 に示されるように $H_{\text{prod}} = 0$ となる温度を1800 K と 2000 K の間で補間すると，

$$T_{bt} = 1800 + (2000 - 1800) \times \frac{-74.873 - (-162.544)}{-55.855 - (-162.544)} = 1964 \text{ K} \tag{7.46}$$

となる.

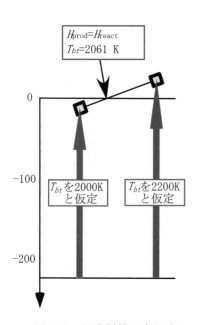

図 7.18　理論断熱火炎温度の補間による算出

（図中）
$H_{\text{prod}} = H_{\text{react}}$
$T_{bt} = 2061$ K

T_{bt}を2000Kと仮定　　T_{bt}を2200Kと仮定

===== 練習問題 ======================

【7・1】下記の2つの反応

(1)　　$CH_4 + 2O_2 \rightarrow CO_2 + 2H_2O$

(2)　　$CH_4 + H_2O \rightarrow CO + 3H_2$

は，圧力1 atm、温度 500K でどちらの方が進行しやすいか，その理由とともに述べよ.

【7・2】下記の2つの反応は、どちらも，メタン1 mol から水素を 2mol 生成する反応である.

(a)　　$CH_4 + O_2 \rightarrow +2H_2 + CO_2$

(b)　　$CH_4 + 0.5O_2 \rightarrow +2H_2 + CO$

(1) (a) の平衡定数 $K_p(a)$ と(b) の平衡定数 $K_p(b)$ の間に成立する関係式を求めよ.

(2)温度が 1000K で同じ場合に，反応が右辺に進行する度合いの圧力依存性は，どちらの方か大きいか，その理由とともに述べよ.

【7・3】大気圧下でメタン CH_4 を炭素 C と水素 H_2 に分解するときの平衡定数 K_p を温度 500 K と 1500 K の場合に求めよ．また，1500 K のときに，メタンはどれだけ炭素と水素に変換されるかモル分率で求めよ．ただし，炭素は固体とする．

【7・4】298K のエチレン C_2H_4 と空気（$O_2+3.76N_2$）が空気比 1.4 で燃焼する場合を考える．ただし，生成物は CO_2，H_2O，O_2，N_2 だけとする．
（1）　必要空気量（kmol / kmol）と燃焼生成物の総量（kmol / kmol）を求めよ．
（2）　燃焼温度を 2000K と仮定したときに，燃焼により温度が上昇するのに生成物がそれぞれどのような割合になっているのか（反応熱が生成物にどのような割合に分配されているのか）求めよ．

【7・5】プロパン (C_3H_8) を空気と燃焼させた後の組成を調べたところ，CO，CO_2，H_2O，N_2 が体積分率でそれぞれ 4.18％，8.36％，16.715％，70.706％であった．空気の組成を $O_2+3.76N_2$ として，この燃焼における空気比と当量比を求めよ．

【7・6】メタン CH_4 と空気 $O_2+3.76N_2$ が空気比 0.9 で反応して，生成物が CO_2，C_2H_2，H_2O，N_2 である場合の生成物の組成を求めよ．また，反応熱を，温度が 298.15K の場合について求めよ．

【7・7】298.15 K のエチレン C_2H_4 が空気（$O_2+3.76N_2$）と燃焼する場合を考える．不完全燃焼して CO_2，H_2O 以外に CO が生成され，モル比で CO_2：CO：$H_2O=7：3：1$ の組成である場合と，完全燃焼する場合では，反応熱はどちらがどれだけ多いか比較せよ．ただし，298.15 K のエチレン C_2H_4 の標準生成エンタルピー $\Delta_f H^0 = 52.467$ kJ / mol である．

【7・8】メタンが空気比 0.9 で不完全燃焼し，完全燃焼のときの組成以外に，CO が発生する場合の生成物の組成を求めよ．

第 7 章の文献

(1)　JANAF Thermochemical Tables, Third edition, (1985).
(2)　燃焼工学ハンドブック，日本機械学会，(1995).

第8章

ガスサイクル

Gas Cycle

8・1　熱機関とサイクル (heat engine and cycle)

熱エネルギーを仕事に変換する装置あるいはその仕組みを熱機関(heat engine)と呼び，燃焼熱や太陽熱などの熱源が別にあって作動流体を加熱する外燃機関(external combustion engine)と，燃焼ガスそのものが作動流体となる内燃機関(internal combustion engine)に分けられる．さらに，連続的に作動流体を膨張させて運動エネルギーを増加し，羽根車の羽根に吹きつけて回転仕事を取り出す流動式と，容器内で作動流体を膨張させて圧力を高め，ピストンを動かす容積式とに分類される．前者は外燃式の蒸気タービン(steam turbine)および内燃式のガスタービン(gas turbine)，後者は往復式ピストン機関(reciprocating piston engine)に代表される．

　熱機関においては，作動流体は様々な状態変化を経て外部に仕事をした後，元の状態に戻る．これをサイクル(cycle)と呼ぶ．このような状態変化は p-v 線図上で時計回りであり，それぞれの状態変化が準静的過程にあるとすれば，その閉曲線の面積に等しい仕事を外部に与える．このとき，T-s 線図上でも同様に時計回りとなり，この面積に等しい熱を正味外部から受け取って，それを仕事に転換する．

　いま，高温熱源から Q_H の熱を受け取って L_1 の仕事を発生し，その後外部から L_2 の仕事を受けて Q_L の熱を低温熱源（通常は外気）へ廃棄する熱機関を考える．熱エネルギーを有効に利用する立場からは，できるだけ少ない熱量 Q_H で，外部へ差し引きする仕事 $L = L_1 - L_2$ をできるだけ大きくすることが望ましいので，熱機関の性能は

$$\eta_{th} = L/Q_H \tag{8.1}$$

で表され，この η_{th} を熱機関の理論熱効率(theoretical thermal efficiency)と呼ぶ．

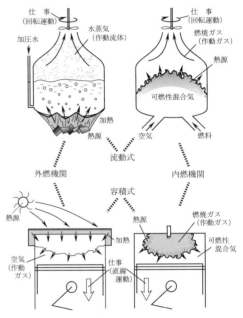

図8.1　種々の熱機関の作動原理

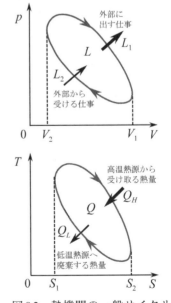

図8.2　熱機関の一般サイクル

【例 8.1】 Express the theoretical thermal efficiency η_{th} with Q_H and Q_L, described in Eq. (8.1). Here Q_H and Q_L represent the heat input from the high-temperature reservoir and the heat output.

【解 8.1】 The work output L is equal to the difference between Q_H and Q_L based on the first law. Therefore, η_{th} can be expressed as follows:

$$\eta_{th} = \left(Q_H - Q_L\right)/Q_H = 1 - Q_L/Q_H \tag{8.2}$$

　理論サイクルとしては，第4章で述べたカルノーサイクル(Carnot cycle)が

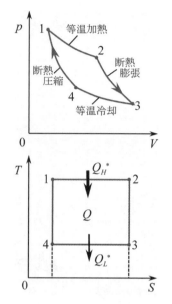

図8.3　カルノーサイクル

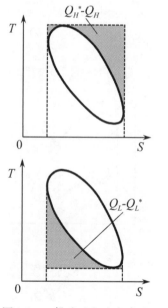

図8.4　一般サイクルとカルノー
サイクル

ある．これは，図 8.3 のように，等温冷却（圧縮）→断熱圧縮→等温加熱（膨張）→断熱膨張の 4 つの過程から構成される．高温熱源と低温熱源の温度を T_H，T_L とすれば，理論熱効率は次の式(8.3)で与えられ，理論サイクルの中で最高となることが示されている．

$$\eta_{th} = 1 - T_L/T_H \tag{8.3}$$

【例 8.2】図 8.2 に示される一般のサイクルの理論熱効率は，そのサイクル中の最高温度と最低温度をそれぞれ高温熱源，低温熱源とするカルノーサイクルの理論熱効率に比べて低いことを示せ．

【解 8.2】図 8.2 の $T-S$ 線図における最高点，最低点を通る 2 本の水平線からなるカルノーサイクルを考える．図 8.4 のように，それぞれの状態変化曲線と横軸との間にはさまれた面積を比較すると，カルノーサイクルが高温熱源から与えられる熱量 Q_H^* は，図 8.2 のサイクルの受ける熱量 Q_H より明らかに大きく，またカルノーサイクルが低温熱源に放出する熱量 Q_L^* は，図 8.2 のサイクルが廃棄する熱量 Q_L より明らかに小さい．したがって，式(8.2)より，

$$\eta_{th} = 1 - Q_L/Q_H < 1 - Q_L^*/Q_H^* = \eta_{th}(\text{Carnot}) \tag{8.4}$$

すなわち，カルノーサイクルの理論熱効率が熱機関のなかで最高となる．

熱機関における動作流体としては種々のものが考えられる．そのうち，サイクルの中で常に気体であるものをガスサイクル，液体と気体の 2 つの相となるものを蒸気サイクルと呼び，それぞれで特性はかなり異なったものとなる．本章ではガスサイクルを扱うこととし，乗用車やトラック，大形船舶，ガスタービン，などに広く使用されている熱機関の基本サイクルについて説明する．蒸気サイクルについては次章で述べる．

8・2　オットーサイクル (Otto cycle)

ガソリンエンジン等の火花点火エンジン(spark-ignition engine)では，一般に可燃性混合気を吸入・圧縮して点火し，乱れた流れ（高乱流）のもとで急速な火炎伝播により燃焼する．したがって，加熱は圧縮終わりの時刻（上死点，top dead center）において体積一定のもとでほぼ瞬間的に行われると近似できるので等積サイクル(constant-volume cycle)，あるいはこの燃焼形式を実際のエンジンに適用した研究者（Nicolaus A. Otto）の名前に因んでオットーサイクルと呼ばれる．このサイクルでは，まず作動ガスは断熱的に圧縮され，高温高圧の状態になる．ここで，体積一定のまま加熱されたのち断熱的に膨張し，さらに体積一定のまま冷却され最初の状態にもどる．

【例 8.3】Draw the $p-v$ and $T-s$ diagrams of the Otto cycle.

【解 8.3】Figure 8.5 shows the $p-v$ and $T-s$ diagrams of the Otto cycle.

　いま，図 8.5 に示すオットーサイクルにおいて，3 から 4 の膨張過程では高められた圧力によりピストンを押し下げて，1 から 2 の圧縮過程で外部から加えられた仕事よりも大きな仕事を発生する．

　このサイクルにおける断熱過程前後の温度比および動作ガス単位質量あたりの加熱量 q_H および放熱量 q_L は，

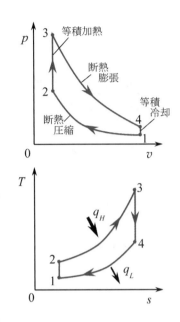

1→2	断熱圧縮：	$T_1/T_2 = (v_2/v_1)^{\kappa-1}$
2→3	等積加熱：	$q_H = c_v(T_3 - T_2)$
3→4	断熱膨張：	$T_4/T_3 = (v_3/v_4)^{\kappa-1} = (v_2/v_1)^{\kappa-1}$
4→1	等積冷却：	$q_L = c_v(T_4 - T_1)$

　ただし，T は温度，v は比体積であり，添字の数字は各点の状態量を示す．また，c_v は定積比熱，κ は比熱比である．したがって，理論熱効率 η_{th} は次のように求められる．

$$\eta_{th} = 1 - \frac{q_L}{q_H} = 1 - \frac{(T_3 - T_2)(v_2/v_1)^{\kappa-1}}{T_3 - T_2}$$

$$= 1 - \left(\frac{v_2}{v_1}\right)^{\kappa-1} = 1 - \frac{1}{\varepsilon^{\kappa-1}} \tag{8.5}$$

ここに，$\varepsilon = v_1/v_2$ は圧縮比(compression ratio)と呼ばれ，ピストンが下死点にある時期（体積最大）における作動ガスを，上死点（体積最小）までどれだけ圧縮するかの指標であり，エンジン性能を決める重要な値である．

図8.5 オットーサイクル

　【例 8.4】熱力学第 1 法則によると，熱機関の理論サイクルにおいて外部へ差し引き発生する仕事は，外部から差し引き受ける熱量に等しい．この関係が，オットーサイクルにおいても成り立つことを，p–v 線図の囲む面積で仕事を計算して確認せよ．

　【解 8.4】作動ガスは図 8.5 における 1→2 の過程で外部から仕事を受け，3→4 の過程で外部へ仕事をする．いずれも断熱変化であり，pv^{κ} 一定の関係にあることを考慮して計算すると，

$$\oint p\,\mathrm{d}v = \int_{v_3}^{v_4} p\,\mathrm{d}v + \int_{v_1}^{v_2} p\,\mathrm{d}v = p_3 v_3^{\kappa} \int_{v_3}^{v_4} v^{-\kappa}\mathrm{d}v + p_2 v_2^{\kappa} \int_{v_1}^{v_2} v^{-\kappa}\mathrm{d}v$$

$$= \frac{R}{\kappa-1}(T_3 - T_2)(1 - \varepsilon^{1-\kappa}) = c_v(T_3 - T_2)(1 - \varepsilon^{1-\kappa}) = q_H - q_L \tag{8.6}$$

ただし，作動ガスは理想気体であるから，$c_v = R/(\kappa-1)$ が成り立つ．

　式(8.5)より，オットーサイクルの理論熱効率 η_{th} は圧縮比 ε と比熱比 κ で決定され，圧縮比を高くするほど理論熱効率は増加する．しかし，実際のエンジンで圧縮比を高くすると，ノック(knock)と呼ばれる異常燃焼が生じて正常な運転ができなくなり，圧縮比は制限を受ける．

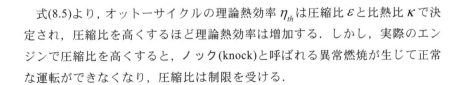

　【例 8.5】Compare the theoretical thermal efficiency η_{th} of the Otto cycle for the following two conditions.

(1) The compression ratio is ε = 10, 12, and 14, when the ratio of the specific heat κ is

fixed at 1.3.

(2) The ratio of specific heat κ is 1.2, 1.3, and 1.4, when the compression ratio is fixed at 12.

【解 8.5】 When these values are substituted into Eq. (8.5), the solutions are given as follows.

(1) η_{th} is calculated as 0.499, 0.525, and 0.547 for ε = 10, 12, and 14, respectively.

η_{th} increases with increasing ε.

(2) κ is calculated as 1.2, 1.3, and 1.4 for η_{th}=0.392, 0.525, and 0.630, respectively. η_{th} increases with increasing κ.

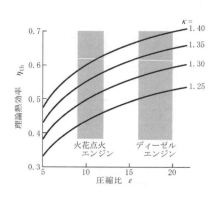

図8.6　理論熱効率 η_{th} の変化

図8.6はオットーサイクルの理論熱効率 η_{th} が圧縮比 ε によってどのように変化するかを計算した結果である．κ は作動ガスの組成と温度によって異なり，空気ではほぼ κ= 1.4，混合気では κ=1.3～1.35，燃焼ガスでは κ= 1.25～1.3 の値となる．乗用車用のガソリンエンジンの圧縮比は 9～12 くらいである．

8・3　ディーゼルサイクル (Diesel cycle)

ディーゼルエンジン(Diesel engine)では，空気のみをシリンダー内で圧縮して高温高圧とし，そこに燃料を霧状に高圧噴射する．燃焼室内では乱流により燃料と空気が迅速に混合して可燃混合気が形成されるとともに，自着火条件を満たした部分から順に燃焼が進行する．この燃焼方式はディーゼル(Rudolf Diesel)により実用化され，圧縮着火エンジン(compression-ignition engine)とも呼ばれる．燃焼は比較的緩慢であり，圧縮終了（上死点）後の膨張行程中に圧力がほぼ一定となる状況が続く．そこで，ディーゼルサイクルでは作動ガスへの加熱は等圧で行われるものと仮定し，等圧サイクル(constant-pressure cycle)ともいう．図 8.7 はディーゼルサイクルの $p-v$ 線図および $T-s$ 線図であり，オットーサイクル（図8.5）との相違点は，状態 2→3 が等圧加熱となることのみである．

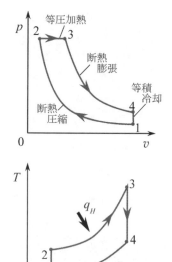

図8.7　ディーゼルサイクル

【例 8.6】 図 8.7 に示したディーゼルサイクルにおける断熱過程前後の温度比 T_1/T_2，および T_4/T_3 を各状態の比体積，比熱比 κ を用いて表すとともに，加熱量 q_H，放熱量 q_L および熱効率を各状態における温度および比熱比 κ で示せ．

【解 8.6】 それぞれにおける変化について以下のようになる．

1→2　断熱圧縮：		$T_1/T_2 = (v_2/v_1)^{\kappa-1}$
2→3　等圧加熱：		$q_H = c_p(T_3 - T_2)$
3→4　断熱膨張：		$T_4/T_3 = (v_3/v_4)^{\kappa-1}$
4→1　等積冷却：		$q_L = c_v(T_4 - T_1)$

これらより理論熱効率 η_{th} は，

$$\eta_{th} = 1 - \frac{q_L}{q_H} = 1 - \frac{T_4 - T_1}{\kappa(T_3 - T_2)} \tag{8.7}$$

式(8.7)において，圧縮比 $\varepsilon = v_1/v_2$ および締切比(cut off ratio) $\sigma = v_3/v_2$ を用いると，

$$\frac{T_2}{T_1} = \varepsilon^{\kappa-1} \ , \ \frac{T_3}{T_2} = \sigma , \ \frac{T_4}{T_3} = \left(\frac{v_3}{v_4}\right)^{\kappa-1} = \left(\sigma\frac{v_2}{v_1}\right)^{\kappa-1}$$

が成り立つので，式(8.7)は次のように求められる．

$$\eta_{th} = 1 - \frac{1}{\varepsilon^{\kappa-1}}\frac{\sigma^{\kappa}-1}{\kappa(\sigma-1)} \tag{8.8}$$

式(8.8)によると，ディーゼルサイクルの理論熱効率 η_{th} は圧縮比 ε と締切比 σ で決まり，圧縮比を高く，締切比を 1 に近づけるほど大きくなる．

また，式(8.8)において $(\sigma^{\kappa}-1)/\kappa(\sigma-1)$ は常に 1 より大きいので，圧縮比が同じであればディーゼルサイクルの熱効率はオットーサイクルより小さい．ただし，前述のようにディーゼルエンジンではノックによる制限がないので圧縮比を高くでき，オットーサイクルより熱効率は大きくできる．

8・4 サバテサイクル (Sabathe cycle)

高速ディーゼルエンジンでは，一般に上死点前から燃料を噴射するが，可燃混合気が形成され反応を開始するまでにはある程度の時間を必要とする．この着火遅れ期間(ignition-delay period)中に蓄積された混合気は上死点近傍で一気に燃焼し，それによってシリンダー内はさらに高温となるため，続く膨張行程で噴射された燃料は空気と混合すると直ちに反応して燃焼が進行する．すなわち，作動ガスへの加熱の一部は等積で，残りの加熱は等圧のもとで行われると近似でき，オットーサイクルとディーゼルサイクルを組み合わせた形と扱われる．この理論サイクルをサバテサイクル(Sabathe cycle)と呼ぶ．

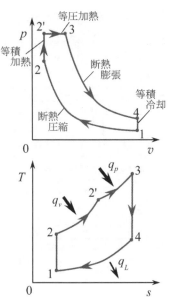

図8.8 サバテサイクル

図 8.8 にサバテサイクルの $p-v$ 線図および $T-s$ 線図を示す．各過程についてこれまでと同様に計算すると，

1→2	断熱圧縮：	$T_1/T_2 = (v_2/v_1)^{\kappa-1}$
2→2'	等積加熱：	$q_v = c_v(T_{2'}-T_2)$, $T_{2'}/T_2 = p_{2'}/p_2$
2'→3	等圧加熱：	$q_p = c_p(T_3-T_{2'})$, $T_3/T_{2'} = v_3/v_{2'} = v_3/v_2$
3→4	断熱膨張：	$T_4/T_3 = (v_3/v_4)^{\kappa-1} = (v_3/v_1)^{\kappa-1}$
4→1	等積冷却：	$q_L = c_v(T_4-T_1)$

したがって，理論熱効率 η_{th} は次のようになる．

$$\eta_{th} = 1 - \frac{q_L}{q_v+q_p} = 1 - \frac{c_v(T_4-T_1)}{c_v(T_{2'}-T_2)+c_p(T_3-T_{2'})}$$
$$= 1 - \frac{1}{\varepsilon^{\kappa-1}}\frac{\xi\sigma^{\kappa}-1}{\xi-1+\kappa\xi(\sigma-1)} \tag{8.9}$$

ここに，$\varepsilon = v_1/v_2$ (圧縮比)，$\sigma = v_3/v_{2'} = v_3/v_2$ (締切比) であり，$\xi = p_{2'}/p_2$ は圧力比(pressure ratio)という．式(8.9)で $\sigma=1$ とすればオットーサイクルの式(8.5)に，$\xi=1$ とすればディーゼルサイクルの式(8.8)に一致する．

【例 8.7】 Explain why at point 2' in the $T-s$ diagram of the Sabathe cycle shown in Fig. 8.8, the gradient of T for the heat- adding process under constant volume is larger than that under constant pressure conditions.

【解 8.7】 The gradient of T at 2' of 2→2' (heat addition under constant volume) and 2'→3 (heat addition under constant pressure) is calculated as follows:

$$\Delta s\big|_v = c_v \ln\left(\frac{T+\Delta T}{T}\right) \approx c_v \frac{\Delta T}{T}, \quad \frac{dT}{ds} = \frac{T}{c_v},$$

$$\Delta s\big|_p = c_p \ln\left(\frac{T+\Delta T}{T}\right) \approx c_p \frac{\Delta T}{T}, \quad \frac{dT}{ds} = \frac{T}{c_p}.$$

Here, c_p/c_v is larger than unity so that $dT/ds\big|_v$ is larger than $dT/ds\big|_p$ at point 2'.

8・5　スターリングサイクル (Stirling cycle)

スターリングサイクルは，外燃式ピストンエンジンに適用されるガスサイクルであり，図 8.9 に $p-v$ 線図と $T-s$ 線図を示すように，2 つの等温過程と等積過程から構成される.

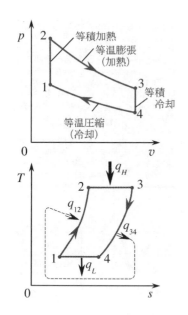

図8.9　スターリングサイクル

1→2	等積加熱：	$q_{12} = c_v\left(T_2 - T_1\right)$
2→3	等温膨張：	$q_H = RT_2 \ln\left(v_3/v_2\right)$
3→4	等積冷却：	$q_{34} = c_v\left(T_3 - T_4\right) = c_v\left(T_2 - T_1\right) = q_{12}$
4→1	等温圧縮：	$q_L = RT_1 \ln\left(v_4/v_1\right) = RT_1 \ln\left(v_3/v_2\right)$

このように，スターリングサイクルには 2 つの等温過程が含まれることが特徴であり，3→4 の放熱量 q_{34} を外部へ捨てないで蓄熱体に貯えておき，1→2 の加熱 q_{12} に再生(regeneration)して使用する. これには，$T_1 \sim T_2$ を十分小さい温度間隔に細分し，それぞれに別個の蓄熱体（熱源）を用いる必要がある. したがって，このスターリングサイクルは蓄熱再生過程を持ち，2→3 と 4→1 の等温過程においてのみ外部との熱の授受が行わる.

【例 8.8】 Calculate the theoretical thermal efficiency η_{th} of the Stirling cycle.

【解 8.8】 L is equal to $q_H - q_L$ because q_{12} is equal to q_{34}. η_{th} is calculated as follows:

$$\eta_{th} = 1 - \frac{q_L}{q_H} = 1 - \frac{T_1}{T_2} \tag{8.13}$$

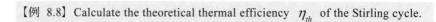

Based on this result, the thermal efficiency of the Stirling cycle is equal to that of the Carnot cycle operating between T_2 and T_1.

8・6　ブレイトンサイクル (Brayton cycle)

ガスタービン(gas turbine)エンジンは，高速度で回転する圧縮機によって大量の空気を連続的に圧縮し，この空気流に燃焼室で燃料を噴射して燃焼させ，生じた高温の燃焼ガスでタービンを駆動して，回転仕事を得るものである. 図 8.10 に最も単純な開放型ガスタービンサイクルの構成図を示す. このよう

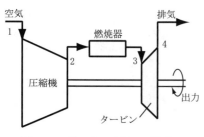

図8.10　ガスタービンの構成

8・6 ブレイトンサイクル

な流動式の熱機関では容積式と比べて，小形軽量で高出力が得られるのが特徴で，航空機，高速艦艇，非常用発電機，等の動力源として使用されるほか，大出力高効率のコンバインド発電プラントにも用いられている．

このガスタービンの基本サイクルでは受熱と放熱が等圧過程で行われるので，等圧燃焼サイクルまたはブレイトンサイクル(Brayton cycle)と呼ばれる．図 8.11 に $p-v$ 線図および $T-s$ 線図を示す．これまでと同様，各過程について，

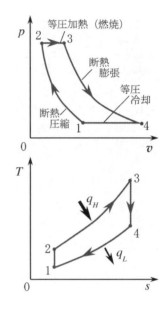

図8.11　ブレイトンサイクル

1→2	断熱圧縮：	$T_1/T_2 = \left(p_1/p_2\right)^{(\kappa-1)/\kappa}$
2→3	等圧加熱：	$q_H = c_p\left(T_3 - T_2\right)$
3→4	断熱膨張：	$T_4/T_3 = \left(p_4/p_3\right)^{(\kappa-1)/\kappa} = \left(p_1/p_2\right)^{(\kappa-1)/\kappa}$
4→1	等圧冷却：	$q_L = c_p\left(T_4 - T_1\right)$

したがって，理論熱効率 η_{th} は

$$\eta_{th} = 1 - \frac{q_L}{q_H} = 1 - \frac{T_4 - T_1}{T_3 - T_2} = 1 - \frac{1}{\gamma^{(\kappa-1)/\kappa}} \tag{8.14}$$

ここに，$\gamma = p_2/p_1$ は圧力比(pressure ratio)であり，理論熱効率 η_{th} は圧力比 γ と比熱比 κ に依存し，γ および κ とともに増加する．

【例 8.9】図 8.11 のブレイトンサイクルにおいて状態 1 と 2 の比容積の比を仮に圧縮比($\varepsilon = v_1/v_2$)とし，これを用いて理論熱効率 η_{th} を表すとオットーサイクルの熱効率と同じ形式で記述できることを確かめよ．

【解 8.9】ピストンエンジンと違って，ガスタービンでは決まった体積を圧縮することはないので，圧縮比がサイクルの特徴を示す量としてふさわしいとはいえない．しかし，圧縮機前後の体積比を圧縮比と定義すれば，図 8.10 の 1→2 が断熱過程であることから，

$$\gamma = \frac{p_2}{p_1} = \left(\frac{v_1}{v_2}\right)^{\kappa} = \varepsilon^{\kappa} \tag{8.15}$$

となり，式(8.14)より

$$\eta_{th} = 1 - \frac{1}{\varepsilon^{\kappa-1}} \tag{8.16}$$

式(8.16)は式(8.5)と一致し，圧縮比が同一のオットーサイクルの熱効率と等しい値となることがわかる．

【例 8.10】ブレイトンサイクルにおいて，タービンの発生する仕事 l_t と圧縮機の消費する仕事 l_c の比 λ が，燃焼前後の温度 $\tau = T_3/T_2$ に等しいことを示せ．

【解 8.10】1→2 および 3→4 が断熱過程であることから，

$$l_t = \int_4^3 v\,\mathrm{d}p = \frac{\kappa}{\kappa-1}p_4 v_4\left[\left(\frac{p_3}{p_4}\right)^{\frac{\kappa-1}{\kappa}} - 1\right] = \frac{\kappa}{\kappa-1}RT_4\left(\frac{T_3}{T_4} - 1\right) \tag{8.17}$$

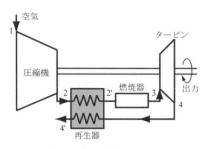

図8.12　ブレイトン再生サイクルの構成

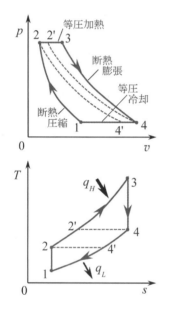

図8.13　ブレイトン再生サイクル

$$l_c = \int_1^2 \upsilon dp = \frac{\kappa}{\kappa-1} p_1 \upsilon_1 \left[\left(\frac{p_2}{p_1} \right)^{\frac{\kappa-1}{\kappa}} - 1 \right] = \frac{\kappa}{\kappa-1} RT_1 \left(\frac{T_2}{T_1} - 1 \right) \qquad (8.18)$$

また，$p_1 = p_4$，$p_2 = p_3$ より $T_2/T_1 = T_3/T_4$ が成り立つので，

$$\lambda = \frac{l_t}{l_c} = \frac{T_4 \left(T_3/T_4 - 1 \right)}{T_1 \left(T_2/T_1 - 1 \right)} = \frac{T_4}{T_1} = \frac{T_3}{T_2} = \tau \qquad (8.19)$$

【解 8.10】の結果より，燃焼による発生熱量を大きくして温度上昇を大きくすれば，熱効率を高くできることがわかる．

　タービン出口の排気は一般にかなり高温で，その温度 T_4 は圧縮機出口温度 T_2 よりも高い．その場合，排気熱の一部を回収して燃焼前の空気を予熱することによって熱効率を改善できる．すなわち，図 8.12 に示すように，圧縮機と燃焼器間に熱交換器（再生器）を設け，4→4' の熱により 2→2' を加熱する．このサイクルをブレイトン再生サイクル(regenerative Brayton cycle)と呼び，図 8.13 にその $p-\upsilon$ 線図および $T-s$ 線図を示す．

【例 8.11】　In the regenerative Brayton cycle, if heat is exchanged ideally between processes 2→3 and 4→1 as shown in Fig. 8.12, the temperature at 2' and $T_{2'}$ becomes equal to T_4, and that at 4' and $T_{4'}$ becomes equal to T_2. Here, calculate the theoretical thermal efficiency η_{th} of this cycle and express it as a function of T_3, T_1, and the pressure ratio ($\gamma = p_2/p_1$).

【解 8.11】The heat input from a high-temperature reservoir q_H, the heat output to a low-temperature reservoir q_L, and the regenerative heat q_r can be expressed as follows:

$$q_H = c_p \left(T_3 - T_{2'} \right) = c_p \left(T_3 - T_4 \right),$$
$$q_L = c_p \left(T_{4'} - T_1 \right) = c_p \left(T_2 - T_1 \right),$$
$$q_r = c_p \left(T_4 - T_{4'} \right) = c_p \left(T_{2'} - T_2 \right).$$

Hence, η_{th} is calculated as follows:

$$\eta_{th} = 1 - \frac{q_L}{q_H} = 1 - \frac{T_2 - T_1}{T_3 - T_4}$$

$$= 1 - \frac{T_1}{T_4} = 1 - \left(\frac{T_1}{T_3} \right) \left(\frac{T_3}{T_4} \right) = 1 - \left(\frac{T_1}{T_3} \right) \left(\frac{T_2}{T_1} \right) = 1 - \frac{T_1}{T_3} \gamma^{(\kappa-1)/\kappa} \qquad (8\text{-}20).$$

　式(8-20)より最高温度比 T_3/T_1 が大きいほど，圧力比 γ が小さいほど理論熱効率 η_{th} は高くなる．すなわち，ブレイトンサイクルにおいて圧力比 γ が制限されて高くできない場合には，再生が効率向上に有効となる．

8・7　エリクソンサイクル (Ericsson cycle)

式(8.20)によると，ブレイトン再生サイクルで最高温度 T_3 と最低温度 T_1 が定められている場合，T_2/T_1 および T_3/T_4 を 1 に近づけるほど，η_{th} は大きくなることがわかる．これには，図 8.14 に示すように圧縮機とタービンを分割し

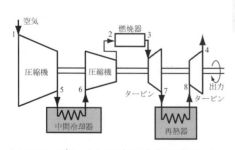

図8.14　ブレイトン中間冷却再熱サイクルの構成

て, その間に熱交換器 (中間冷却器および再熱器) をおくことが考えられる. この中間冷却再熱を究極まで多段階に行って, 圧縮と膨張を等温変化 ($T_2 = T_1$, $T_3 = T_4$) としたものをエリクソンサイクル(Ericsson cycle)と呼び, 図 8.15 に示す過程から構成される.

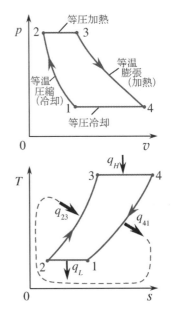

【例 8.12】図 8-15 に示したエリクソンサイクルの理論熱効率がカルノーサイクルの理論熱効率に等しくなることを示せ.

【解 8.12】各過程における熱の出入りは以下のようになる.

1→2	等温圧縮:	$q_L = RT_1 \ln\left(p_2 / p_1\right)$
2→3	等圧加熱:	$q_{23} = c_p\left(T_3 - T_2\right)$
3→4	等温膨張:	$q_H = RT_3 \ln\left(p_3/p_4\right) = RT_3 \ln\left(p_2/p_1\right)$
4→1	等圧冷却:	$q_{41} = c_p\left(T_4 - T_1\right) = c_p\left(T_3 - T_2\right) = q_{23}$

したがって, 理論熱効率 η_{th} は

$$\eta_{th} = 1 - \frac{q_L}{q_H} = 1 - \frac{T_1}{T_3} \tag{8.12}$$

となり, カルノーサイクルの熱効率と等しくなる.

図 8.15 エリクソンサイクル

8・8 ガス冷凍サイクル (gas refrigeration cycle)

熱機関を逆に作動させると, 仕事を入力として低温の熱源から高温熱源へ熱を移動させることができる. これを冷凍サイクルという. 図 8.16 のように, 常温常圧のガスを一定圧力まで断熱圧縮したのち冷却して常温高圧とし, 断熱膨張させて外部に仕事をすると常温より著しく低い温度となるので, これを動作流体として冷凍作用あるいは冷暖房を行うことができる. この場合, 放熱・受熱は熱交換器によって等圧過程でなされるので, ブレイトン逆サイクル(Brayton reverse cycle)となる.

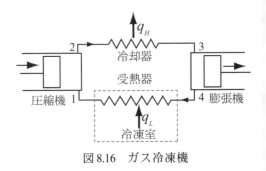

図 8.16 ガス冷凍機

【例 8.13】ブレイトン逆サイクルの $p-v$ 線図と $T-s$ 線図を描くとともに, ブレイトンサイクルにおける線図と比較せよ.

【解 8.13】図 8.17 に $p-v$ 線図と $T-s$ 線図を示す. 図 8.11 のブレイトンサイクルの各線図と比較すると形状は基本的に同じとなり, 過程の方向が逆となる.

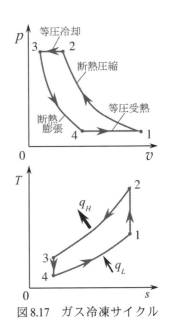

このサイクルにおいて

放熱量	$q_H = c_p\left(T_2 - T_3\right)$
受熱量	$q_L = c_p\left(T_1 - T_4\right)$
外部仕事	$l = q_H - q_L$

したがって, 第 4 章で定義した冷凍機の動作係数($\varepsilon_R = q_L/l$)は

$$\varepsilon_R = \frac{q_L}{l} = \frac{T_1 - T_4}{\left(T_2 - T_3\right) - \left(T_1 - T_4\right)}$$

図 8.17 ガス冷凍サイクル

1→2，3→4 はともに断熱変化であり，

$$\frac{p_2}{p_1}=\left(\frac{T_2}{T_1}\right)^{(\kappa-1)/\kappa}, \quad \frac{p_3}{p_4}=\left(\frac{T_3}{T_4}\right)^{(\kappa-1)/\kappa}$$

また，2→3，4→1 が等圧変化なので，

$$p_2=p_3, \quad p_4=p_1$$

$$\therefore \frac{T_2}{T_1}=\frac{T_3}{T_4}=\frac{T_2-T_3}{T_1-T_4}$$

$$\therefore \varepsilon_R=\frac{1}{\dfrac{T_2-T_3}{T_1-T_4}-1}=\frac{1}{\dfrac{T_2}{T_1}-1}=\frac{1}{\dfrac{T_3}{T_4}-1}=\frac{1}{\left(p_2/p_1\right)^{(\kappa-1)/\kappa}-1} \tag{8-13}$$

したがって，このサイクルの動作係数は圧縮前後の温度，圧力の差が小さいほど大きくなる．しかし実際には，熱交換を効率良く行うために圧縮前の温度 T_1 は受熱器（冷凍室）の温度よりかなり低く，圧縮後の温度 T_2 は放熱器の温度よりもかなり高いことが必要である．また，摩擦や熱損失が作用して圧縮には l より大きな仕事を要し，膨張後の温度・圧力も T_4，p_4 まで下がらない．そのため，動作係数は後述する他の冷凍機に比較して極めて低い．さらに，動作流体（冷媒）にガスを用いるので比熱が小さく，所定の冷凍作用を得るためにはガス量と温度差 $\left(T_1-T_4\right)$ を大きくする必要があり，大形で高価な装置を必要とする．したがって，たとえば高圧空気がジェットエンジンから得られる航空旅客機のエアコンや，坑内で空気を送ると同時に冷却する必要のある場合など，空気を冷媒とする利点を生かした特殊な場合を除けば，ガス冷凍サイクルはほとんど用いられない．一般の冷凍および冷暖房には，熱交換過程に相変化を利用し，膨張機の代わりに絞り弁を使う蒸気圧縮式冷凍サイクル(vapor compression refrigeration cycle)が用いられる．

===== 練習問題 ==========================

【8・1】図 8.18 に示すように，熱容量の十分大きい高温熱源(温度 T_H)と低温熱源(温度 T_L)によって作動する理想気体のカルノーサイクルにおいて以下の問いに答えよ．ただし，気体定数を R とする．

(a) 単位質量あたりの作動流体が高温熱源から受ける熱 q_H を等温膨張における比容積の比(v_4/v_3)および T_H を用いて示せ．

(b) (a)と同様に低温熱源へ排出する熱 q_L を等温圧縮の比(v_1/v_2)および T_L を用いて示せ．

(c) (a)と(b)の結果を用いてカルノーサイクルの熱効率を求めよ．

【8・2】　The Otto cycle from state 1 to 4 is shown in Fig. 8.19. The work gas is assumed to be an ideal gas with a specific-heat ratio of κ and a gas constant R. The expansion process continues until the gas pressure reaches the pressure (state 4') at the beginning of the compression process (state 1). Then, the cycle is completed with the constant-pressure cooling process. For this new cycle from state 1 to 4', the compression ratio is defined as $\varepsilon_c \ (=v_1/v_2)$ and the expansion ratio $\varepsilon_e \ (=v_4'/v_3)$. The pressure and temperature at state 1 are p_1 and T_1, respectively.

(a) Express the amount of heat input q_H of the cycle as a function of T_1, ε_c, and ε_e.

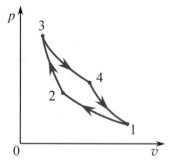

図8.18　カルノーサイクル

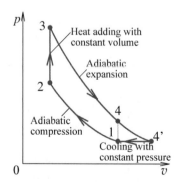

図8.19　サイクルの概略

(b) Express the amount of heat output q_L as a function of T_1, ε_c and ε_e.

(c) Calculate the theoretical thermal efficiency of the cycle.

【8・3】動作流体を比熱比 $\kappa(=1.4)$ の理想気体としたときのオットーサイクルおよびディーゼルサイクルの熱効率について以下の問いに答えよ．一般気体定数 R_0 を 8.314 J mol^{-1} K^{-1} とする．

(a) 同じ圧縮比 ε となるオットーサイクルとディーゼルサイクルではどちらの熱効率が大きいか．ただし，ディーゼルサイクルの締切比は $\sigma=2$ とする．

(b) 常温・常圧の状態 1（T_1 = 300K，p_1 = 0.1MPa）を考えた際の圧縮比 $\varepsilon_O =10$ のオットーサイクルにおいて，q_H = 10kJ/mol を加えたとする．このとき動作流体の最大圧力は p_3 となるが，状態 1 から同様に圧縮比 ε_D のディーゼルサイクルを考え，q_H = 10kJ/mol を加えた際に，動作流体の最大圧力が上述のオットーサイクルと同じになったという．このとき ε_D はいくらになるか．また，どちらのサイクルの熱効率が高くなるか．

【8・4】An ideal air-standard diesel cycle operates at a compression ratio of 15. Here, at state 1 (Fig. 8.7), the pressure, temperature, and volume are equal to 0.2 MPa, 350 K and 500 cc, respectively. In addition, the heat input per cycle q_H is 350 J.

(a) Calculate the maximum pressure and temperature during the cycle.

(b) Calculate the cut off ratio.

(c) Calculate the theoretical thermal efficiency.

【8・5】動作流体を理想気体としたときのブレイトンサイクルについて，低温側の温度が T_L = 300K，サイクル中の最高温度が T_H = 1600K であり，圧力比 γ は 12 とする．このときの理論熱効率 η を求めるとともに，サイクルあたりの投入熱量を一定として，γ を変更することによって T_H = 1700K になるようにした．このとき，γ はいくらか．また，η はどれだけ増すか．

【8・6】An air-standard cycle is executed in a closed system with 1 kg of air, and consists of the following three processes: (i) isentropic compression from pressure p_1 and temperature T_1 to pressure p_2; (ii) heat addition to the initial specific volume at constant pressure; and (iii) heat rejection to the initial state at constant volume. Assuming a constant ratio of specific heat κ and gas constant R for air, (a) calculate the maximum temperature and efficiency. and (b) draw the cycle on pressure specific volume and temperature specific entropy diagrams. Here, p, v, T, and s represent pressure, volume, temperature, and entropy, respectively.

【8・7】一般ガス定数 R，比熱比 κ の理想気体が，摩擦のないピストンで仕切られたシリンダーの中に入っている．最初，モル数 n_1，体積 V_1，圧力 p_1 の状態にあったとして，この気体の状態変化に関する下記の問に答えよ．

(a) この状態から圧力が一定の下で，体積 V_2（$< V_1$）の状態へ準静的に変化した．この過程で Q の熱量が放熱されたとすると，圧縮に要する仕事 L_{12}，内部エネルギーの変化 ΔU，エンタルピーの変化 ΔH はどれだけか．

(b) つぎに，体積V_2の状態でピストンを固定して，この中に温度T_0の同一気体を静かに供給し，シリンダー内の気体と素早く混合した．n_0モルだけ供給した後の混合気体の温度T_2と圧力p_2を求めよ．ただし，外部との熱のやりとりは無いものとする．

(c) 温度T_2と圧力p_2の状態にある上記の気体を，断熱的に膨張すると体積V_1，圧力p_1の状態に戻った．このときの供給気体のモル数n_0と温度T_0の関係を求めよ．さらに，(a)→(b)→(c)の状態変化$p-V$線図および$T-S$線図に描け．

(d) (b)における温度T_2と圧力p_2の状態の気体を，今度は等温の下で膨張して体積V_1，圧力p_1の状態に戻ったとする．このときの供給気体のモル数n_0と温度T_0の関係を求めよ．さらに，(a)→(b)→(d)の状態変化を$p-V$線図および$T-S$線図に描け．

【8・8】　単位質量の理想気体を作動流体とする，つぎの4つの状態変化からなるサイクルを考える．

1→2：圧力p_1，温度T_1の状態1から，圧力p_2の状態2まで断熱圧縮する．

2→3：定圧で熱量Qを加えて状態3まで膨張させ，外部に仕事を取り出す．

3→4：定容の条件で熱を放出し，圧力p_1の状態4とする．

4→1：定圧の条件で熱を放出し，状態1に戻す．

ここに，作動流体の比熱比をκ，ガス定数Rとして，以下の問に答えよ．

(a) このサイクルの各状態変化の概略を，$p-V$線図および$T-s$線図に描け．

(b) 1→2に要する圧縮仕事Wおよび状態2における比体積v_2を求めよ．

(c) 状態3における比体積v_3および温度T_3を求めよ．

(d) 3→4の状態変化で放出される熱量を求めよ．

(e) このサイクルの熱効率を求めよ．

【8・9】　For an air-refrigeration cycle, the work-air is compressed from temperature T_0 to high pressure conditions and cools to T_0 under constant pressure conditions. The pressure ratio of the compression is r. Then, the work gas is expanded with a turbine until the gas pressure reaches the pressure at the beginning of the compression process and the cycle is completed as a constant-pressure heat-input process. This heat-input process corresponds to refrigeration. Calculate the amount of heat-output and heat-input of this cycle. How much is the coefficient of performance of this cycle. Here, the work-air is assumed an ideal gas with gas constant R and specific heat ratio κ.

第9章

蒸気サイクル

Vapor Power Cycles

9・1 湿り蒸気の性質(properties of wet vapor)

図 9.1 は圧力－温度座標上に書いた水の状態図である．固液平衡線，気液平衡線，固気平衡線が交わる点は三相が共存する点で三重点(the triple point)という．気液平衡において，温度，圧力を高めると気相と液相の比体積が近づき，最後には一致する．この点を臨界点(critical point)という．

図 9.2 は圧力－比体積座標上に書いた気液平衡状態図である．ドーム状の形をしている線が飽和線である．左側が飽和液線(saturated liquid line)，右側が乾き飽和蒸気線(dry saturated vapor line)である．飽和線で囲まれたところは気体と液体とが共存しており，湿り蒸気(wet vapor)と呼ばれる．飽和液線より左側（低温）の状態を圧縮液(compressed liquid)といい，乾き飽和蒸気線より右側（高温）の状態を過熱蒸気(superheated vapor)という．図 9.3 は温度－エントロピー座標上に書いた気液平衡状態図である．

圧力一定の下で蒸発させるとき，単位質量あたり必要な熱量を蒸発熱(heat of vaporization)または蒸発潜熱(latent heat of vaporization)という．蒸発熱 r は飽和蒸気の比エンタルピー h'' と飽和液の比エンタルピー h' の差に等しい．

$$r = h'' - h' \tag{0.1}$$

ここで，飽和液の変数には ' をつけ，飽和蒸気の変数には " をつけている．

湿り蒸気の中に含まれている乾き飽和蒸気と飽和液の割合を表す指標が乾き度(quality)である．湿り蒸気 1kg の中に乾き飽和蒸気が x (kg)，飽和液が $(1-x)$ (kg)含まれているとき，その湿り蒸気の乾き度は x であるという．湿り蒸気の熱物性を表 9.1 にまとめている．

巻末にある付表 9.1 は水の気液平衡関係を表す飽和表である．付表 9.1(a) は温度を基準に表になっており，付表 9.1(b)は圧力を基準に表になっている．付表 9.2 は圧縮液と過熱蒸気の物性をまとめた表である．

【例 9.1】温度 40℃の水の飽和状態の物性を付表 9.1(a)から読み取り,乾き度 0.80 の湿り蒸気の比体積と比エンタルピーを求めよ.

【解 9.1】付表 9.1(a)より，40℃の飽和液と飽和水蒸気の比体積，比エンタルピーは $v' = 0.00101\,\mathrm{m^3/kg}$, $v'' = 19.52\,\mathrm{m^3/kg}$, $h' = 167.5\,\mathrm{kJ/kg}$, $h'' = 2573\,\mathrm{kJ/kg}$ である．乾き度を x とすると，

$$v = v'(1-x) + v''x = 0.00101 \times 0.20 + 19.52 \times 0.80 = 15.62 \ \mathrm{m^3/kg}$$
$$h = h'(1-x) + h''x = 168 \times 0.20 + 2573 \times 0.80 = 2092\,\mathrm{kJ/kg}$$

9・2 湿り蒸気のカルノーサイクル (Carnot cycle)

第4章，第8章で説明されたカルノーサイクルは等温変化と可逆断熱変化で

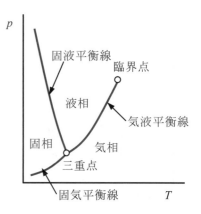

図 9.1 水の $p-T$ 線図

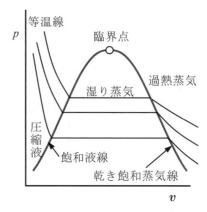

図 9.2 蒸気の $p-v$ 線図

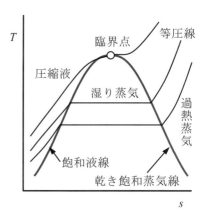

図 9.3 蒸気の $T-s$ 線図

表 9.1 湿り蒸気の性質

$$h = h' + (h'' - h')x$$
$$u = u' + (u'' - u')x$$
$$s = s' + (s'' - s')x$$
$$v = v' + (v'' - v')x$$
$$r = h'' - h'$$
$$\frac{r}{T} = s'' - s'$$

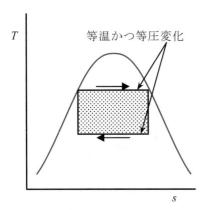

図 9.4　湿り蒸気のカルノーサイクル

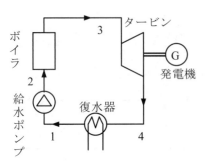

図 9.5　基本ランキンサイクル

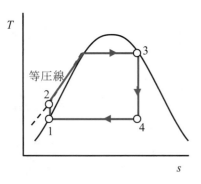

図 9.6　基本ランキンサイク
ルの $T-s$ 線図

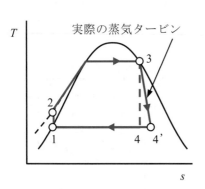

図 9.7　タービンの断熱効率

構成される可逆機関である．通常の気体で等温変化を実現するのは難しいが，湿り蒸気においては等温線と等圧線が一致しているので，湿り蒸気を使えば等圧変化と可逆断熱変化を組み合わせることによってカルノーサイクルを実現できる．

カルノーサイクルの高温温度，低温温度をそれぞれ T_H，T_L とすると，理論熱効率は以下のように表される．

$$\eta_{th} = 1 - T_L / T_H \tag{0.2}$$

9・3　基本ランキンサイクル (basic Rankine cycle)

ランキンサイクルは基本蒸気サイクルであり，図 9.5 に基本構成を示すように，ボイラ，タービン，復水器，給水ポンプより構成されている．ほとんどのシステムの作動物質は水である．このサイクルの温度−エントロピー線図は図 9.6 のようになる．四つの変化の過程はガスサイクルのブレイトンサイクルと同じであるが，気液の相変化を伴うため，温度−エントロピー線図はかなり異なっている．

単位質量流量の作動物質について熱や仕事の出入りを考えよう．

状態 1→2：ポンプによりボイラ圧まで可逆断熱圧縮される．ポンプ仕事は

$$l_{12} = h_2 - h_1 \quad (h_2 > h_1) \tag{0.3}$$

状態 2→3：ボイラにおいて等圧的に加熱され，飽和水蒸気になる．受熱量は

$$q_{23} = h_3 - h_2 \quad (h_3 > h_2) \tag{0.4}$$

状態 3→4：タービンで可逆断熱膨張し，仕事を取り出す．タービン仕事は

$$l_{34} = h_3 - h_4 \quad (h_3 > h_4) \tag{0.5}$$

状態 4→1：復水器で等圧的に冷却し，水に戻る．放熱量は

$$q_{41} = h_4 - h_1 \quad (h_4 > h_1) \tag{0.6}$$

理論熱効率は

$$\eta = \frac{l_{34} - l_{12}}{q_{23}} = 1 - \frac{q_{41}}{q_{23}} = \frac{(h_3 - h_4) - (h_2 - h_1)}{h_3 - h_2} \tag{0.7}$$

ポンプによる圧縮仕事は，液体の比体積を一定とすると，

$$l_{12} = \int_1^2 v\, dp \approx v(p_2 - p_1) \tag{0.8}$$

と表すことができ，タービン仕事に比べて無視できる場合が多い．したがって，$h_2 \approx h_1$ と近似すると理論熱効率は

$$\eta \approx \frac{h_3 - h_4}{h_3 - h_2} \approx \frac{h_3 - h_4}{h_3 - h_1} \tag{0.9}$$

と表すことができる．

実際の蒸気タービンでは摩擦や粘性などにより可逆断熱膨張をすることはできず，図 9.7 に示すようにエントロピーが増加する方向に変化する．可逆断熱膨張すると仮定した時の蒸気タービン出口の比エンタルピーを h_4，実際の蒸気タービン出口の比エンタルピーを $h_{4'}$ とすると，蒸気タービンの効率を表す断熱効率(adiabatic efficiency)は，

$$\eta_T = \frac{h_3 - h_{4'}}{h_3 - h_4} \tag{0.10}$$

と表される．実際の蒸気サイクルの熱効率は，式(9.9)に断熱効率を掛けた値

となる.

【例 9.2】タービン入口圧力が 10MPa,出口圧力が 5.0kPa の基本ランキンサイクルの理論熱効率を求めよ.ポンプ仕事は無視してよい.

【解 9.2】付表 9.1(b)より,10MPa,5.0kPa の飽和水蒸気と飽和液の熱物性を読み取る.状態点の番号は図 9.6 と同じである.
$h_3 = 2725\mathrm{kJ/kg}$,$s_3 = 5.616\mathrm{kJ/(kgK)}$,$h_1 = 137.8\mathrm{kJ/kg}$,$s_1 = 0.4763\mathrm{kJ/(kgK)}$,圧力 5.0kPa の飽和水蒸気については,$h'' = 2561\mathrm{kJ/kg}$,$s'' = 8.394\mathrm{kJ/(kgK)}$
タービン出口蒸気の乾き度を x_4 とすると,比エントロピー s_4 は

$$s_4 = x_4 s'' + \left(1 - x_4\right) s_1$$

と表される.タービンではエントロピーが保存されるので,$s_3 = s_4$ より

$$x_4 = \frac{s_3 - s_1}{s'' - s_1} = \frac{5.616 - 0.4763}{8.394 - 0.4763} = 0.6491$$

タービン出口蒸気の比エンタルピー h_4 は

$$h_4 = x_4 h'' + \left(1 - x_4\right) h_1 = 0.6491 \times 2561 + \left(1 - 0.6491\right) \times 137.8 = 1711\,\mathrm{kJ/kg}$$

理論熱効率は,ポンプ仕事を無視すると,式(9.9)より

$$\eta = \frac{h_3 - h_4}{h_3 - h_1} = \frac{2725 - 1711}{2725 - 137.8} = 0.392$$

と求められる.

9·4 過熱ランキンサイクル (Rankine cycle with superheat)

基本ランキンサイクルでボイラから出た飽和水蒸気をボイラに戻して過熱水蒸気にすることによって,熱効率を高めることができる.図 9.8 がサイクル構成図,図 9.9 が温度－エントロピー線図である.ボイラから出た飽和水蒸気が状態 3' で,その後,過熱器で状態 3 まで過熱される.サイクルの横幅を広げることによって効率が高まるのである.

サイクルの熱効率の計算は,基本ランキンサイクルと同じで,蒸気タービン入口が過熱水蒸気になっていることに注意すればよい.

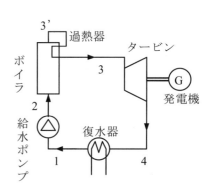

図 9.8 過熱ランキンサイクル

【例 9.3】例 9.2 のボイラ出口蒸気を 500℃ まで過熱したときの理論熱効率を求めよ.ポンプ仕事は無視してよい.

【解 9.3】付表 9.2 より,10MPa,500℃ の過熱水蒸気の熱物性を読み取る.
$h_3 = 3375\mathrm{kJ/kg}$,$s_3 = 6.599\mathrm{kJ/(kgK)}$
以下同様にして,タービン出口蒸気の乾き度 x_4 は

$$x_4 = \frac{s_3 - s_1}{s'' - s_1} = \frac{6.599 - 0.4763}{8.394 - 0.4763} = 0.7733$$

タービン出口蒸気の比エンタルピー h_4 は

$$h_4 = x_4 h'' + \left(1 - x_4\right) h_1 = 0.7733 \times 2561 + \left(1 - 0.7733\right) \times 137.8 = 2012\,\mathrm{kJ/kg}$$

理論熱効率は,ポンプ仕事を無視すると,式(9.9)より

$$\eta = \frac{h_3 - h_4}{h_3 - h_1} = \frac{3375 - 2012}{3375 - 137.8} = 0.421$$

と求められ,熱効率が向上していることが分かる.

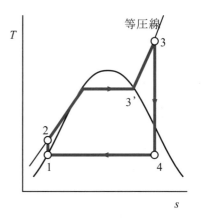

図 9.9 過熱ランキンサイクルの $T-s$ 線図

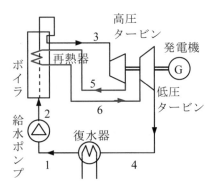

図 9.10　再熱サイクルの構成

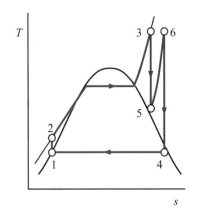

図 9.11　再熱サイクルの
$T-s$ 線図

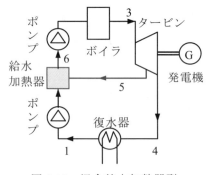

図 9.12　混合給水加熱器型
再生サイクルの構成

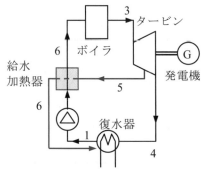

図 9.13　表面給水加熱器型
再生サイクルの構成

9・5　再熱サイクル (Rankine cycle with reheat)

タービン出口の蒸気の乾き度を高めるために，タービンでの膨張を途中で止めて，ボイラで再度加熱し，2 回に分けて膨張させるサイクルを再熱サイクルという．サイクルの構成は図 9.10 のように，タービンを高圧タービンと低圧タービンに分け，高圧タービンから出た蒸気をボイラの再熱器(reheater)で再加熱し，低圧タービンに入れて膨張させる．状態 3 と状態 6 の温度は等しくとられるのが普通であるが，異なっていても良い．図 9.11 が再熱サイクルの温度－エントロピー線図である．単位質量流量に対して，

ボイラ加熱量： $q_b = (h_3 - h_2) + (h_6 - h_5)$ (0.11)

タービン仕事： $l_t = (h_3 - h_5) + (h_6 - h_4)$ (0.12)

より，ポンプ仕事を無視すると理論熱効率は，

$$\eta = \frac{(h_3 - h_5) + (h_6 - h_4)}{(h_3 - h_2) + (h_6 - h_5)} \tag{0.13}$$

と表される．

9・6　再生サイクル (regenerative cycle)

蒸気サイクルの熱効率を向上させる方法として，ボイラでの加熱量を減らすことが考えられた．タービンで膨張している途中の蒸気を取り出し(抽気という)，ボイラへの給水を加熱するサイクルを再生サイクル(regenerative cycle)という．蒸気を抽気することによりタービン仕事は減少するが，ボイラでの加熱量の減少の効果のほうが大きく，熱効率は向上する．サイクルの構成には，図 9.12 のように抽気した蒸気を復水器からの給水に混合する混合給水加熱器型(mixing feed water heater type)再生サイクルと，図 9.13 のように抽気した蒸気を給水と熱交換器で熱交換して凝縮させ復水器に戻す表面給水加熱器型(surface condensing feed water heater type)再生サイクルの二通りがある．

混合給水加熱型の温度－エントロピー線図を図 9.14 に示す．タービン入口において単位質量が流れているとき，流量 m だけ抽気すると，タービン出口の流量は $1-m$ である．

ボイラ加熱量： $q_b = h_3 - h_6$ (0.14)

タービン仕事： $l_t = h_3 - h_5 + (1-m)(h_5 - h_4)$ (0.15)

復水器放熱量： $q_c = (1-m)(h_4 - h_1)$ (0.16)

より，ポンプ仕事を無視すれば理論熱効率は，

$$\eta = \frac{h_3 - h_5 + (1-m)(h_5 - h_4)}{h_3 - h_6} \tag{0.17}$$

となる．給水加熱器でのエネルギーのつり合いを考えると

$mh_5 + (1-m)h_1 = h_6$

より，抽気割合は

$$m = \frac{h_6 - h_1}{h_5 - h_1} \tag{0.18}$$

である．

表面給水加熱型の熱効率はポンプ仕事を無視すれば式(9.17)と同じである．給水加熱器でのエネルギーのつり合いを考えると

$$h_6 - h_1 = m(h_5 - h_6)$$

より，抽気割合は

$$m = \frac{h_6 - h_1}{h_5 - h_6}$$ (0.19)

である．

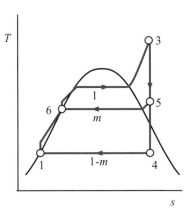

図9.14 混合給水加熱器型再生サイクルの $T-s$ 線図

===== 練習問題（＊印は難問）=================
（水蒸気の飽和物性は付表 9.1 を，過熱水蒸気や圧縮水の物性は付表 9.2 を参照して解くこと．また，特に記述がなければ作動流体は水である．）

【9・1】圧力 0.1MPa で温度 20℃の圧縮液と圧力 0.1MPa の飽和乾き蒸気が混合している．質量流量がそれぞれ 2kg/s，3kg/s のとき，混合後の湿り蒸気の乾き度を求めよ．圧縮液の比エンタルピーは 84kJ/kg とせよ．

【9・2】(1) 1 kg of saturated water is heated by 1500 kJ at a constant pressure of 1 MPa. Explain the state of water after heating.

(2) 1 kg of saturated water is heated by 2300 kJ at a constant pressure of 1 MPa. Explain the state of water after heating.

【9・3】500℃，8MPa の過熱水蒸気をタービンにより 10.0kPa まで膨張させる．

(1)蒸気タービンが可逆断熱膨張をするとき，タービン出口の乾き度と蒸気 1kg あたりの仕事を求めよ．

(2)蒸気タービンの断熱効率が90%のとき，タービン出口の乾き度と蒸気1kg あたりの仕事を求めよ．

【9・4】Confirm that the pump work is negligible compared to the turbine work under the conditions given in Example 9.2.

【9・5】図 9.15 のように状態点 1～4 で構成される湿り蒸気を用いたカルノーサイクルを考える．今，ポンプとタービンの断熱効率がそれぞれ 1 ではないと仮定すると，赤線で示すようなサイクルとなる．ポンプとタービンの断熱効率をそれぞれ η_P，η_T とするとき，熱効率を h_1，h_2，h_3，h_4，η_P，η_T を用いて表せ．（η_P，η_T が 1 でなければカルノーサイクルとはならない）

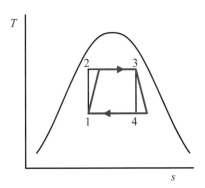

図9.15 湿り蒸気のカルノーサイクル

【9・6】例 9.3 の過熱ランキンサイクルを再熱サイクルに変更する．圧力が 2.0MPa のところで膨張を中断し，再熱器へ送り 500℃まで加熱して，低圧タービンへ送る．その他の条件は例 9.3 と等しいとして，低圧タービン出口の乾き度と熱効率を求めよ．ポンプ仕事は無視してよい．

【9・7】A steam Rankine cycle operates using saturated steam at 200°C, and the steam temperature decreases to 40°C through expansion in a turbine with 80% efficiency. What quantity of steam is required to generate a power output of

20000kW?

【9・8】Find the thermal efficiency of a Rankine cycle that is superheated to 400°C at 5.0 MPa. The condensing pressure is 5 kPa, and the turbine efficiency is 85%.

【9・9*】ボイラで圧力 15MPa，温度 600℃の蒸気を発生させ，圧力 5.0kPa で復水させる 1 段混合給水加熱器型再生サイクルがある．抽気圧力は 1.0MPa である．ポンプ仕事は無視して以下の問いに答えよ．
　(1)タービンから抽気される蒸気の比エンタルピーを求めよ．
　(2)抽気割合を求めよ．
　(3)熱効率を求めよ．

【9・10*】9.9 と同じ蒸気条件で動作する図 9.16 に示すような 2 段表面給水加熱器型再生サイクルがある．第一段の抽気圧力を 2.0MPa，第二段の抽気圧力を 0.20MPa とするとき，次の問いに答えよ．ただし，ポンプ仕事は無視してよい．
　(1)各段の抽気割合を求めよ．
　(2)熱効率を求めよ．

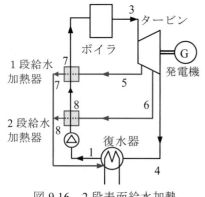

図 9.16　2 段表面給水加熱器型再生サイクル

第 10 章

冷凍サイクルと空気調和
Refrigeration Cycle and Air Conditioning

10・1 冷凍とヒートポンプ (refrigeration and heat pumps)

冷凍とは冷たい所から暖かい所へ熱を移動させるプロセスのことで，外部から仕事を与えて実現する．冷凍機(refrigerating machine)は冷たい所を冷却することを目的とする機械で，ヒートポンプ(heat pump)は暖かいところを加熱することを目的とする機械，あるいは冷却と加熱の両方ができる機械のことである．

　冷凍サイクルとは，図 10.1 に示すように低温環境から熱を受け取り，高温環境へ熱を放出する．冷凍機械の性能を表す指標は動作係数(coefficient of performance)または成績係数，COPと呼ばれ，冷凍目的，加熱目的の動作係数はそれぞれ次式で定義される．

$$冷凍機： \varepsilon_R = \frac{Q_C}{L} \tag{10.1}$$

$$ヒートポンプ： \varepsilon_H = \frac{Q_H}{L} \tag{10.2}$$

Q_C は低温環境からの受熱量，Q_H は高温環境への放熱量，L は仕事入力である．エネルギーの保存関係から，$Q_H = Q_C + L$ であるので

$$\varepsilon_H = \varepsilon_R + 1 \tag{10.3}$$

の関係が成り立つ．熱機関の性能指標である熱効率 η は $0 \le \eta \le 1$ でなければならない．しかし，ヒートポンプの動作係数は $0 \le \varepsilon$ でなければならないが，1以下でなければならないという制限はない．

10・2 各種冷凍サイクル (refrigeration cycles)
10・2・1 逆カルノーサイクル (inverse Carnot cycle)

二つの一定温度の環境間に働く冷凍サイクルのうちで最も性能が高いのは，逆カルノーサイクル(inverse Carnot cycle)である．図 10.2 に示すように，熱機関のカルノーサイクルと同じように二つの等温変化と二つの可逆断熱変化で構成される可逆サイクルで，循環する向きが逆である．熱機関は時計と同方向に循環するのに対して，冷凍サイクルは時計と反対方向に循環する．

　逆カルノーサイクルの四つの過程の中で，熱の授受があるのは二つの等温変化である．それぞれ，低温環境から受熱し，高温環境へ放熱する．単位質量流量あたりの熱量は，$\delta q = T \mathrm{d}s$ の関係を積分することにより

$$受熱量： q_C = T_C(s_2 - s_1) \tag{10.4}$$
$$放熱量： q_H = T_H(s_2 - s_1) \tag{10.5}$$

となる．外部からの仕事入力は式(10.4)と(10.5)の差であるから，動作係数は

$$冷凍機： \varepsilon_R = \frac{q_C}{q_H - q_C} = \frac{T_C}{T_H - T_C} \tag{10.6}$$

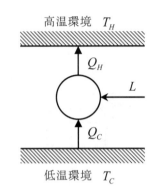

図 10.1　冷凍機・ヒートポンプ

表 10.1　冷凍機の動作係数

$$\varepsilon_R = \frac{Q_C}{L}\cdots冷凍機$$
$$\varepsilon_H = \frac{Q_H}{L}\cdots ヒートポンプ$$

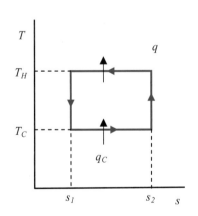

図 10.2　逆カルノーサイクルの $T-s$ 線図

$$\text{ヒートポンプ：} \varepsilon_H = \frac{q_H}{q_H - q_C} = \frac{T_H}{T_H - T_C} \tag{10.7}$$

のように環境の温度 T_H, T_C のみで表される．高温環境温度と低温環境温度の差が小さいほど動作係数は大きい．

【例 10.1】二つの環境温度 45℃と 5℃の下で動作する逆カルノーサイクルがある．冷凍能力 3kW を必要とするとき，(1)動作係数，(2)仕事入力，(3)放熱量を求めよ．

【解 10.1】(1) $\varepsilon_R = \dfrac{T_C}{T_H - T_C} = \dfrac{278}{318 - 278} = 6.95$

(2) $L = \dfrac{Q_C}{\varepsilon_R} = \dfrac{3}{6.95} = 0.43 \, \text{kW}$

(3) $Q_H = Q_C + L = 3 + 0.43 = 3.43 \, \text{kW}$

10・2・2 蒸気圧縮式冷凍サイクル (vapor compression refrigeration cycle)

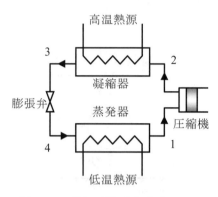

図 10.3　蒸気圧縮式冷凍サイクル

図 10.3 は，冷凍や空気調和のために一般的に用いられている**蒸気圧縮式冷凍サイクル**(vapor compression refrigeration cycle)の構成である．電気モータまたはエンジンにより圧縮機が駆動され，凝縮器，膨張弁，蒸発器の順に作動物質が循環する．冷凍サイクルの作動物質を**冷媒**(refrigerant)という．基本冷凍サイクルの $T-s$ 線図と $p-h$ 線図をそれぞれ図 10.4，10.5 に示す．飽和蒸気の冷媒が**圧縮機**(compressor)に吸入され，可逆断熱圧縮されて高圧の過熱蒸気となる（状態 1→2）．次に，**凝縮器**(condenser)において等圧的に冷却されて凝縮し飽和液となる（状態 2→3）．凝縮器では高温熱源に熱を放出する．**膨張弁**(expansion valve)を通過するときに絞り膨張をして低圧で低温の湿り蒸気となる（状態 3→4）．最後に，**蒸発器**(evaporator)において等圧的に加熱されて蒸発し飽和蒸気となる（状態 4→1）．蒸発器では低温熱源から熱を吸収する．

冷媒単位質量流量あたりの熱の授受と仕事入力は以下のとおりである．

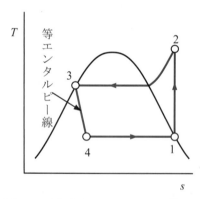

図 10.4　冷凍サイクルの $T-s$ 線図

圧縮機仕事：$l_{12} = h_2 - h_1$ (10.8)

凝縮器での放熱量：$q_{23} = h_2 - h_3$ (10.9)

膨張弁では等エンタルピー変化：$h_3 = h_4$ (10.10)

蒸発器での受熱量：$q_{41} = h_1 - h_4$ (10.11)

冷凍目的，加熱目的の動作係数はそれぞれ以下のように表される．

$$\varepsilon_R = \frac{q_{41}}{l_{12}} = \frac{h_1 - h_4}{h_2 - h_1} \tag{10.12}$$

$$\varepsilon_H = \frac{q_{23}}{l_{12}} = \frac{h_2 - h_3}{h_2 - h_1} \tag{10.13}$$

ヒートポンプの性能に影響を及ぼすのは，圧縮機の効率と蒸発器や凝縮器の熱交換性能である．圧縮機の効率を断熱効率と言い，図 10.6 のように圧縮機出口の状態を 2，可逆断熱変化を仮定した状態を 2'とすると，以下のように定義される．

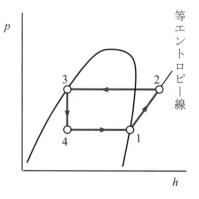

図 10.5　冷凍サイクルの $p-h$ 線図

$$\eta_{comp} = \frac{h_{2'} - h_1}{h_2 - h_1} \tag{10.14}$$

熱交換器の性能は，熱源温度と冷媒温度の差で表わされる．凝縮温度（状態 3 の温度）と凝縮器熱源温度の差，蒸発器熱源温度と蒸発温度（状態 4 の温度）の差が小さいほど熱交換性能は良い．

冷凍機やヒートポンプの作動流体を冷媒という．冷媒としてはメタンやエタンの水素原子をフッ素で置換したフッ素化炭化水素やアンモニアなどが用いられている．R134a という冷媒の物性表を付図 10.1 に示す．

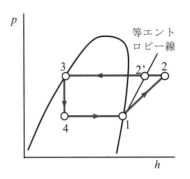

図 10.6　冷凍サイクルの圧縮機断熱効率

【例 10.2】ある冷媒を用いた基本冷凍サイクルがある．蒸発温度は 5℃，凝縮温度は 45℃である．以下の物性値を利用して，(1)冷媒 1kg あたりの圧縮仕事，冷凍能力，(2)冷房動作係数，(3)3kW の冷凍に必要な仕事率を求めよ．

5℃と 45℃の飽和物性

t (℃)	p (kPa)	h' (kJ/kg)	h'' (kJ/kg)	s' (kJ/kgK)	s'' (kJ/kgK)
5	350	207	402	1.024	1.725
45	1160	264	422	1.214	1.709

凝縮圧力（1160 k Pa）での過熱蒸気物性

p (kPa)	t (℃)	h (kJ/kg)	s (kJ/kgK)
1160	45	422	1.709
	50	427	1.728

【解 10.2】(1)圧縮機入口（状態 1）は 5℃の飽和乾き蒸気である．飽和物性表から

$$h_1 = 402 \, \text{kJ/kg}, \quad s_1 = 1.725 \, \text{kJ/kgK}$$

である．状態 1 を通る等エントロピー線と 45℃の飽和圧力 1160kPa の等圧線の交点が状態 2 である．過熱蒸気の物性表を用いて比エントロピーが 1.725 kJ/kgK の比エンタルピーを計算する．

$$h_2 = 422 + \frac{1.725 - 1.709}{1.728 - 1.709}(427 - 422) = 426 \, \text{kJ/kg}$$

となる．状態 3 は 45℃の飽和液であるので，

$$h_3 = 264 \, \text{kJ/kg}$$

である．また，$h_4 = h_3$ である．

圧縮仕事：$l_{12} = h_2 - h_1 = 426 - 402 = 24 \, \text{kJ/kg}$

冷凍能力：$q_{41} = h_1 - h_4 = 402 - 264 = 138 \, \text{kJ/kg}$

(2)冷房動作係数は，

$$\varepsilon_R = \frac{h_1 - h_4}{h_2 - h_1} = \frac{402 - 264}{426 - 402} = 5.75$$

である．

(3)　$L = \dfrac{Q_C}{\varepsilon_R} = \dfrac{3}{5.75} = 0.52 \, \text{kW}$

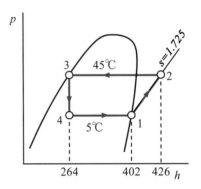

図 10.7　$p-h$ 線図

10・2・3 空気冷凍サイクル (air refrigeration cycle)

熱機関のブレイトンサイクルと同じ過程からなり，逆方向に変化させることにより冷凍効果を得るサイクルを空気冷凍サイクルという．作動物質は空気で，図 10.8 にサイクルの構成を，図 10.9 に温度－エントロピー線図を示す．低圧空気は圧縮機によって可逆断熱的に圧縮され（状態 1→2），高温高圧に

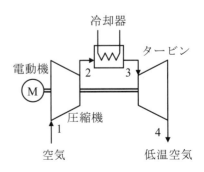

図 10.8　空気冷凍サイクルの構成

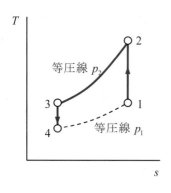

図 10.9　空気冷凍サイクル

なった空気は等圧的に高温環境に熱を放出することにより冷却される（状態 2→3）．次にタービンで可逆断熱膨張して低温低圧（状態 1 と同じ圧力）の空気となり（状態 3→4），この空気は低温環境に放出され使用される．このように空気冷凍では低温空気を直接使用する開放システムが用いられる．

圧縮機仕事：$l_{12} = h_2 - h_1$　　　　　　　　　　　　　　　　　　　　　(10.15)

冷却器での放熱量：$q_{23} = h_2 - h_3$　　　　　　　　　　　　　　　　　(10.16)

タービン膨張仕事：$l_{34} = h_3 - h_4$　　　　　　　　　　　　　　　　　(10.17)

冷凍能力：$q_{41} = h_1 - h_4$　　　　　　　　　　　　　　　　　　　　　(10.18)

空気を理想気体とすると，冷凍目的の動作係数は以下のように表される．

$$\varepsilon_R = \frac{q_{41}}{l_{12}-l_{34}} = \frac{h_1 - h_4}{(h_2-h_1)-(h_3-h_4)} = \frac{T_1 - T_4}{(T_2-T_1)-(T_3-T_4)} \tag{10.19}$$

空気を比熱比 κ の理想気体とし，可逆断熱圧縮，膨張を仮定すると温度変化と圧力比には次の関係がある．

$$\frac{T_2}{T_1} = \frac{T_3}{T_4} = \left(\frac{p_2}{p_1}\right)^{\frac{\kappa-1}{\kappa}} \tag{10.20}$$

式(10.20)を使って式(10.19)を変形すると，以下のように簡単な式が得られる．

$$\varepsilon_R = \frac{T_1 - T_4}{(T_2-T_3)-(T_1-T_4)} = \frac{T_1-T_4}{(\frac{T_1 T_3}{T_4}-T_3)-(T_1-T_4)} = \frac{T_1-T_4}{\frac{T_3}{T_4}(T_1-T_4)-(T_1-T_4)} = \frac{1}{\frac{T_3}{T_4}-1} = \frac{T_4}{T_3-T_4}$$

$$\tag{10.21}$$

　通常の冷凍や空調用途の動作係数は蒸気圧縮式冷凍サイクルより低いので，圧縮空気がジェットエンジンから得られる航空旅客機のエアコンに用いられている．

10・3　空気調和 (air conditioning)

10・3・1 湿り空気の性質(properties of moist air)

室内空気環境の制御のことを空気調和(air conditioning)といい，それには温度とともに湿度の調整が重要となるため，空気中に水蒸気を含む気体のことを湿り空気(moist air)と呼ぶ．空気調和で扱われる湿り空気は，乾き空気と水蒸気の理想混合気体として扱われる．ただし，通常の理想混合気体と違って，水蒸気には空気に混合することのできる限界の濃度が存在し，湿り空気を冷却すると，空気中の水蒸気濃度が限界を超えてしまうと結露することがある．これ以上水蒸気を含むことができない限界の湿り空気を飽和湿り空気(saturated moist air)という．

　温度 T (K)の湿り空気の全圧を p (Pa)，水蒸気分圧を p_v (Pa)とすると，飽和湿り空気の水蒸気分圧 p_{vs} (Pa)は，温度 T (K)の水の飽和蒸気圧に等しい．湿り空気の全質量を M (kg)，水蒸気の質量を m (kg)とすると，絶対湿度(humidity ratio)，相対湿度(relative humidity)はそれぞれ以下のように定義される．

絶対湿度：$x = \dfrac{m}{M-m}$　　　　　　　　　　　　　　　　　　　　(10.22)

相対湿度：$\varphi = \dfrac{p_v}{p_{vs}}$　　　　　　　　　　　　　　　　　　　　(10.23)

絶対湿度は湿り空気中の乾き空気 1kg あたりの水蒸気の質量を表している。湿り空気中の乾き空気の質量を kg' あるいは kg(DA) という単位で表し，絶対湿度を x(g/kg') あるいは x(g/kg(DA)) と書く。

R_a，R_v を乾き空気，水蒸気の気体定数，v_a，v_v を乾き空気，水蒸気の比体積とすると，空気と水蒸気の比体積には，

$$v_a = xv_v \tag{10.24}$$

の関係があり，絶対湿度は

$$x = \frac{R_a}{R_v}\frac{p_v}{p-p_v} = 0.622\frac{p_v}{p-p_v} \tag{10.25}$$

となる。この式は，絶対湿度と水蒸気分圧の関係を表している。

　湿り空気の温度は図 10.10 に示す乾湿計によって測定される。左側の感熱部が乾いた温度計で測定される温度を**乾球温度**(dry-bulb temperature)という。右側の感熱部に水で湿った布が巻かれた温度計で測定される温度を**湿球温度**(wet-bulb temperature)という。湿り空気を冷却して水蒸気分圧がその温度の飽和水蒸気圧に等しくなると，結露をはじめる。この温度のことを**露点温度**(dew point temperature)という。

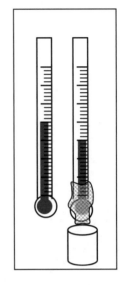

図 10.10　乾湿計

10・3・2　湿り空気線図(psychrometric chart)

湿り空気の各種物性値をまとめて図式化したものを**湿り空気線図**(psychrometric chart)という（付図 10.2 参照）。図 10.11 に図の読み方を示す。横軸が乾球温度，右縦軸が絶対湿度と水蒸気分圧で，左上には湿球温度軸と比エンタルピー軸がある。任意の二つの物性値を知っていれば線図を読み取ることによって他の物性値を求めることができる。また，線図を用いることによって湿り空気の加熱，冷却，混合などの空気調和操作を簡単に計算することができる。

【例 10.3】湿り空気線図を用いて，乾球温度 30℃，相対湿度 50%の

(1) 絶対温度

(2) 湿球温度

(3) 露点温度

(4) 比エンタルピー

を求めよ。

【解 10.3】湿り空気線図より読み取り，

(1) 13.4g/kg'　(2) 22.0℃　(3) 18.4℃　(4) 64kJ/kg'

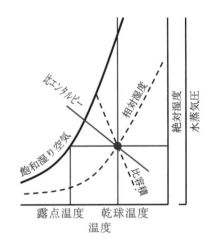

図 10.11　湿り空気線図の見方

(1) 湿り空気の加熱

図 10.12 に示すように，乾き空気の質量流量 $\dot{m}_a$ の湿り空気が加熱装置に供給され，$\dot{q}$ の熱を受ける。この結果，湿り空気の比エンタルピーが h_1 から h_2 に増加したとすると，等圧加熱過程であるから，加えられた熱はエンタルピーの増加にかえられる。

$$\dot{q} = \dot{m}_a(h_2 - h_1) \tag{10.26}$$

加熱過程では空気中の水蒸気量は変化しないので，入口状態 1 と出口状態 2 の絶対湿度は等しい。

(2) 湿り空気の冷却

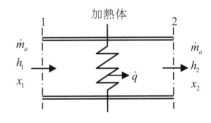

図 10.12　湿り空気の加熱

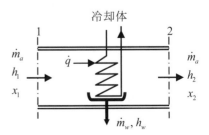

図 10.13　湿り空気の冷却

冷却過程においては，入口空気の露点温度以下の伝熱面で冷却すると水蒸気が凝縮して分離が起こる．図10.13は冷却過程を模式的に表したもので，分離された水は湿り空気の出口温度まで冷却されて，比エンタルピー h_w で系外に流出すると考える．物質保存とエネルギー保存式は

$$\dot{m}_a x_1 = \dot{m}_a x_2 + \dot{m}_w$$
$$\dot{m}_a h_1 = \dot{m}_a h_2 + \dot{m}_w h_w + \dot{q}$$

と表される．したがって，

$$\dot{m}_w = \dot{m}_a (x_1 - x_2) \tag{10.27}$$
$$\dot{q} = \dot{m}_a \left[(h_1 - h_2) - (x_1 - x_2) h_w \right] \tag{10.28}$$

である．なお，水蒸気の凝縮が起こらない場合は $x_2 = x_1$ とすればよい．

(3) 湿り空気の混合

図10.14は2種類の湿り空気の断熱混合を模式的に示したものである．物質保存とエネルギー保存式は

$$\dot{m}_{a1} + \dot{m}_{a2} = \dot{m}_{a3}$$
$$\dot{m}_{a1} x_1 + \dot{m}_{a2} x_2 = \dot{m}_{a3} x_3$$
$$\dot{m}_{a1} h_1 + \dot{m}_{a2} h_2 = \dot{m}_{a3} h_3$$

である．3式から $\dot{m}_{a3}$ を消去すると

$$\frac{h_2 - h_3}{h_3 - h_1} = \frac{x_2 - x_3}{x_3 - x_1} = \frac{\dot{m}_{a1}}{\dot{m}_{a2}} \tag{10.29}$$

を得る．これは，混合後の状態3は，混合前の状態1と2を直線で結んだ線上に存在し，その位置は状態1と2の乾き空気の質量流量比に応じて内分したところにある．

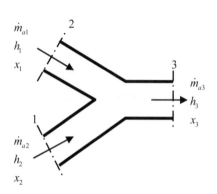

図10.14　湿り空気の断熱混合

==== 練習問題（*印は難問）==================

【10・1】R134a を冷媒とする蒸気圧縮式エアコンがあり，冷房運転をしている．エアコンの室内機の空気の吹き出し温度は20℃，室外機の空気の吹き出し温度は40℃である．R134a の物性値を求めるには圧力・エンタルピー線図（付図10.1）を利用すること．(1)高温環境温度を40℃，低温環境温度を20℃とする逆カルノーサイクルの動作係数を求めよ．(2)エアコンのサイクルは凝縮温度を40℃，蒸発温度を20℃とする基本冷凍サイクルとする．圧縮機の断熱効率を1とするときの動作係数を求めよ．(3)凝縮器の性能として凝縮温度と空気の吹き出し温度の差を10℃とし，蒸発器の性能として空気の吹き出し温度と蒸発温度の差を10℃とする．圧縮機の断熱効率を0.8とするときの動作係数を求めよ．

【10・2】An air conditioner with R134a refrigerant is performing a heating operation. The temperatures of the airflows from the indoor and outdoor units are 40 °C and 10°C, respectively. Read the thermodynamic properties of R134a from the pressure-enthalpy chart (appended Fig.10.1) and answer the following questions. (1) What is the coefficient of the performance of the inverse Carnot cycle assuming high- and low-temperature heat sources of 40°C and 10°C, respectively? (2) What is the COP of the heat-pump cycle assuming condensing and evaporating temperatures of 40°C and 10°C, respectively, and　adiabatic efficiency of the compressor to be unity? (3) When the temperature differential between the condensation of the refrigerant and airflow from the outdoor unit , and that between the evaporation of the refrigerant and airflow from the indoor unit　are both 10°C, what is the COP of the heat-pump cycle? Assume that the adiabatic efficiency of the compressor is 0.8.

【10・3】 図 10.8 に示す空気冷凍機について，圧縮機により圧力 0.10MPa，温度 20℃の空気が 0.30MPa まで可逆断熱圧縮され，冷却器により 20℃まで等圧冷却される．その後，タービンにより 0.10MPa まで可逆断熱膨張し，低温空気を生成する．生成される空気温度と動作係数を求めよ．ただし，空気は比熱比 1.4 の理想気体とする．

【10・4】 An air- refrigeration cycle operates under conditions of 0.10 MPa and 20°C , where the pressure is increased to 0.30 MPa by a compressor and reduced to 0.10 MPa by a turbine. The compressor efficiency is 0.85, and the turbine efficiency is 0.80. Calculate the exit air temperature and COP.

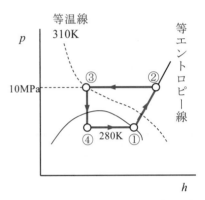

図 10.15　二酸化炭素を冷媒とするヒートポンプ給湯機サイクル

【10・5*】 ヒートポンプ給湯機は冷媒として二酸化炭素を用いている．二酸化炭素の臨界温度は 304K のため，ヒートポンプサイクルは図 10.15 に示すように，高圧側の冷却部（ガスクーラという）は臨界圧力を超える．以下の動作条件と物性値が分かっているときの動作係数を求めよ．ただし，圧縮機は可逆断熱変化とし，圧縮機出口と冷却器出口のエンタルピーの差が加熱量である．

① 圧縮機入口：T_1=280K の飽和乾き蒸気
② 圧縮機出口：p_2=10MPa
③ 冷却器出口：T_3=310K，p_3=p_2
④ 蒸発器入口：h_4=h_3，T_4=280K

280K の飽和物性

T (K)	p (MPa)	h' (kJ/kg)	h'' (kJ/kg)	s' (kJ/kgK)	s'' (kJ/kgK)
280	4.161	217	426	1.060	1.805

10MPa の超臨界圧物性

T (K)	310	320	330	340	350
h (kJ/kg)	297	363	415	443	465
s (kJ/kgK)	1.306	1.514	1.674	1.759	1.821

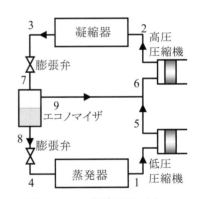

図 10.16　2 段冷凍サイクル

【10・6*】 低温用冷凍機では，圧縮機の圧力比が大きいので 2 段に分けて圧縮する 2 段圧縮冷凍サイクルが用いられる．図 10.16，10.17 に示すように，膨張過程の中間にエコノマイザと呼ばれる気液分離器を設け，液は蒸発器に送り，ガスは低圧圧縮機の出口に混合させて圧縮ガスを冷却する．いま，冷媒に R134a を用い，蒸発温度を－30℃，凝縮温度を 40℃とし，中間の蒸気圧を 0.30MPa，圧縮機の断熱効率を 0.70 とするとき，以下の問いに答えよ．

(1) 凝縮器を流れる冷媒流量に対して，エコノマイザで分離されるガスの流量の割合を求めよ．

(2) 高圧圧縮機入口の冷媒の比エンタルピーを求めよ．

(3) 冷凍機としての動作係数を求めよ．

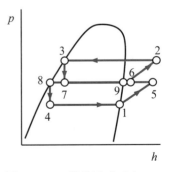

図 10.17　2 段冷凍サイクルの p－h 線図

【10・7】大気圧，乾球温度 20℃，相対湿度 60%の湿り空気が 0.1m³/s で流れている．湿り空気線図（付図 10.2）を用いて以下の問いに答えよ．
(1) 乾球温度 30℃まで加熱するのに必要な加熱量を求めよ．
(2) 乾球温度 14℃まで冷却するのに必要な冷却熱量を求めよ．
(3) 乾球温度 10℃まで冷却するのに必要な冷却熱量を求めよ．

【10・8】Air A and B are mixed at atmospheric pressure. The properties and flow rates of both are:
Air A: 30°C dry-bulb temperature, 27°C wet-bulb temperature, 10 000 m³/h.
Air B: 25°C dry-bulb temperature, 50% relative humidity, 20 000 m³/h.
What is the dry-bulb temperature and relative humidity of the mixed air? Use the psychrometric chart (appended Fig.10.2).

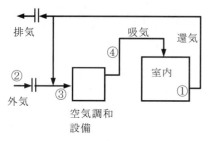

図 10.18　空気調和システム

【10・9】図 10.18 は空気調和設備による冷房の様子を示している．室内空気の還気（室内空気を空気調和装置に循環させるもの）①と外気②を混合させて③，空気調和装置で冷却・除湿して④，室内に送るものである．空気の状態は図 10.19 に示すとおりである．運転条件は，取り入れ外気量 3000m³/h，室内空気の還気のうち空気調和設備に戻る量 5000m³/h，湿り空気の比体積は 0.86m³/kg 一定とする．
(1) 混合空気③の乾球温度，比エンタルピーを求めよ．
(2) 外気を導入することによる冷却熱負荷を求めよ．
(3) 空気調和装置での冷却熱負荷を求めよ．

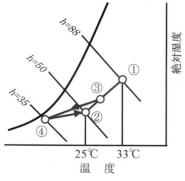

図 10.19　空気調和システム

【10・10】There is 4 kW of heat and 0.5 kg/h of moisture generated in a room. The dry-bulb temperature and relative humidity in the room is kept at 25°C and 50% (9.23 g/kg′ of absolute humidity), respectively, by air ventilation. What are the dry-bulb temperature and absolute humidity of the supplied air? The flow rate of the supplied air is 0.4 kg′/s, and the isobaric heat capacity of wet air is 1.0 kJ/kg′K.

第 10 章の文献
(1) 日本冷凍空調学会編：R134a p-h 線図(1996)
(2) 日本冷凍空調学会編：湿り空気表

付表 9.1(a)　水の飽和表（温度基準）(1)

温　度		圧力	比体積　m³/kg		密度 kg/m³	比エンタルピー　kJ/kg			比エントロピー　kJ/(kgK)		
℃	K	MPa	v'	v''	ρ'	h'	h''	$h''-h'$	s'	s''	$s''-s'$
*0	273.15	0.00061121	0.00100021	206.140	0.00485108	-0.04	2500.89	2500.93	-0.00015	9.15576	9.15591
0.01	273.16	0.00061166	0.00100021	205.997	0.00485443	0.00	2500.91	2500.91	0.00000	9.15549	9.15549
5	278.15	0.00087257	0.00100008	147.017	0.00680194	21.02	2510.07	2489.05	0.07625	9.02486	8.94861
10	283.15	0.0012282	0.00100035	106.309	0.00940657	42.02	2519.23	2477.21	0.15109	8.89985	8.74876
15	288.15	0.0017057	0.00100095	77.8807	0.0128401	62.98	2528.36	2465.38	0.22447	8.78037	8.55590
20	293.15	0.0023392	0.00100184	57.7615	0.0173126	83.92	2537.47	2453.55	0.29650	8.66612	8.36962
25	298.15	0.0031697	0.00100301	43.3414	0.0230726	104.84	2546.54	2441.71	0.36726	8.55680	8.18954
30	303.15	0.0042467	0.00100441	32.8816	0.0304122	125.75	2555.58	2429.84	0.43679	8.45211	8.01532
35	308.15	0.0056286	0.00100604	25.2078	0.0396702	146.64	2564.58	2417.94	0.50517	8.35182	7.84665
40	313.15	0.0073844	0.00100788	19.5170	0.0512373	167.54	2573.54	2406.00	0.57243	8.25567	7.68324
50	323.15	0.012351	0.00101214	12.0279	0.0831403	209.34	2591.31	2381.97	0.70379	8.07491	7.37112
60	333.15	0.019946	0.00101711	7.66766	0.130418	251.15	2608.85	2357.69	0.83122	7.90817	7.07696
70	343.15	0.031201	0.00102276	5.03973	0.198423	293.02	2626.10	2333.08	0.95499	7.75399	6.79899
80	353.15	0.047415	0.00102904	3.40527	0.293663	334.95	2643.01	2308.07	1.07539	7.61102	6.53563
90	363.15	0.070182	0.00103594	2.35915	0.423882	376.97	2659.53	2282.56	1.19266	7.47807	6.28542
100	373.15	0.10142	0.00104346	1.67186	0.598136	419.10	2675.57	2256.47	1.30701	7.35408	6.04706
110	383.15	0.14338	0.00105158	1.20939	0.826863	461.36	2691.07	2229.70	1.41867	7.23805	5.81938
120	393.15	0.19867	0.00106033	0.891304	1.12195	503.78	2705.93	2202.15	1.52782	7.12909	5.60128
130	403.15	0.27026	0.00106971	0.668084	1.49682	546.39	2720.09	2173.7	1.63463	7.02641	5.39178
140	413.15	0.36150	0.00107976	0.508519	1.96649	589.20	2733.44	2144.24	1.73929	6.92927	5.18998
150	423.15	0.47610	0.00109050	0.392502	2.54776	632.25	2745.92	2113.67	1.84195	6.83703	4.99508
160	433.15	0.61814	0.00110199	0.306818	3.25926	675.57	2757.43	2081.86	1.94278	6.74910	4.80633
170	443.15	0.79205	0.00111426	0.242616	4.12174	719.21	2767.89	2048.69	2.04192	6.66495	4.62303
180	453.15	1.0026	0.00112739	0.193862	5.15832	763.19	2777.22	2014.03	2.13954	6.58407	4.44453
190	463.15	1.2550	0.00114144	0.156377	6.39481	807.57	2785.31	1977.74	2.23578	6.50600	4.27022
200	473.15	1.5547	0.00115651	0.127222	7.86026	852.39	2792.06	1939.67	2.33080	6.43030	4.09950
210	483.15	1.9074	0.00117271	0.104302	9.58755	897.73	2797.35	1899.62	2.42476	6.35652	3.93176
220	493.15	2.3193	0.00119016	0.0861007	11.6143	943.64	2801.05	1857.41	2.51782	6.28425	3.76643
230	503.15	2.7968	0.00120901	0.0715102	13.9840	990.21	2803.01	1812.80	2.61015	6.21306	3.60291
240	513.15	3.3467	0.00122946	0.0597101	16.7476	1037.52	2803.06	1765.54	2.70194	6.14253	3.44059
250	523.15	3.9759	0.00125174	0.0500866	19.9654	1085.69	2801.01	1715.33	2.79339	6.07222	3.27884
260	533.15	4.6921	0.00127613	0.0421755	23.7105	1134.83	2796.64	1661.82	2.88472	6.00169	3.11697
270	543.15	5.5028	0.00130301	0.0356224	28.0722	1185.09	2789.69	1604.60	2.97618	5.93042	2.95424
280	553.15	6.4165	0.00133285	0.0301540	33.1631	1236.67	2779.82	1543.15	3.06807	5.85783	2.78975
290	563.15	7.4416	0.00136629	0.0255568	39.1285	1289.80	2766.63	1476.84	3.16077	5.78323	2.62246
300	573.15	8.5877	0.00140422	0.0216631	46.1615	1344.77	2749.57	1404.80	3.25474	5.70576	2.45102
310	583.15	9.8647	0.00144788	0.0183389	54.5290	1402.00	2727.92	1325.92	3.35058	5.62430	2.27373
320	593.15	11.284	0.00149906	0.0154759	64.6165	1462.05	2700.67	1238.62	3.44912	5.53732	2.08820
330	603.15	12.858	0.00156060	0.0129840	77.0179	1525.74	2666.25	1140.51	3.55156	5.44248	1.89092
340	613.15	14.600	0.00163751	0.0107838	92.7314	1594.45	2622.07	1027.62	3.65995	5.33591	1.67596
350	623.15	16.529	0.00174007	0.00880093	113.624	1670.86	2563.59	892.73	3.77828	5.21089	1.43261
360	633.15	18.666	0.00189451	0.00694494	143.990	1761.49	2480.99	719.50	3.91636	5.05273	1.13637
370	643.15	21.043	0.00222209	0.00494620	202.176	1892.64	2333.50	440.86	4.11415	4.79962	0.68547
373.946	647.096	22.064	0.00310559	0.00310559	322	2087.55	2087.55	0	4.41202	4.41202	0

* この行に示す状態では準安定な過冷却液体である．この温度と圧力で安定な状態は氷である．

付表 9.1(b)　水の飽和表（圧力基準）[1]

圧力	温度	比体積	m³/kg	密度 kg/m³	比エンタルピー	kJ/kg		比エントロピー	kJ/(kgK)	
MPa	℃	v'	v''	ρ'	h'	h''	$h''-h'$	s'	s''	$s''-s'$
0.001	6.970	0.00100014	129.183	0.00774094	29.30	2513.68	2484.38	0.10591	8.97493	8.86902
0.0015	13.020	0.00100067	87.9621	0.0113685	54.69	2524.75	2470.06	0.19557	8.82705	8.63148
0.002	17.495	0.00100136	66.9896	0.0149277	73.43	2532.91	2459.48	0.26058	8.72272	8.46214
0.0025	21.078	0.00100207	54.2421	0.0184359	88.43	2539.43	2451.00	0.31186	8.64215	8.33030
0.003	24.080	0.00100277	45.6550	0.0219034	100.99	2544.88	2443.89	0.35433	8.57656	8.22223
0.005	32.875	0.00100532	28.1863	0.0354782	137.77	2560.77	2423.00	0.47625	8.39391	7.91766
0.01	45.808	0.00101026	14.6706	0.0681637	191.81	2583.89	2392.07	0.64922	8.14889	7.49968
0.02	60.059	0.00101714	7.64815	0.130751	251.40	2608.95	2357.55	0.83195	7.90723	7.07528
0.03	69.095	0.00102222	5.22856	0.191257	289.23	2624.55	2335.32	0.94394	7.76745	6.82351
0.04	75.857	0.00102636	3.99311	0.250431	317.57	2636.05	2318.48	1.02590	7.66897	6.64307
0.05	81.317	0.00102991	3.24015	0.308628	340.48	2645.21	2304.74	1.09101	7.59296	6.50196
0.07	89.932	0.00103589	2.36490	0.422851	376.68	2659.42	2282.74	1.19186	7.47895	6.28709
0.1	99.606	0.00104315	1.69402	0.590311	417.44	2674.95	2257.51	1.30256	7.35881	6.05625
0.101325	99.974	0.00104344	1.67330	0.597623	418.99	2675.53	2256.54	1.30672	7.35439	6.04766
0.15	111.35	0.00105272	1.15936	0.862547	467.08	2693.11	2226.03	1.43355	7.22294	5.78939
0.2	120.21	0.00106052	0.885735	1.12901	504.68	2706.24	2201.56	1.53010	7.12686	5.59676
0.3	133.53	0.00107318	0.605785	1.65075	561.46	2724.89	2163.44	1.67176	6.99157	5.31980
0.4	143.61	0.00108356	0.462392	2.16267	604.72	2738.06	2133.33	1.77660	6.89542	5.11882
0.5	151.84	0.00109256	0.374804	2.66806	640.19	2748.11	2107.92	1.86060	6.82058	4.95998
0.6	158.83	0.00110061	0.315575	3.16882	670.50	2756.14	2085.64	1.93110	6.75917	4.82807
0.80	170.41	0.00111479	0.240328	4.16099	721.02	2768.30	2047.28	2.04599	6.66154	4.61555
1.00	179.89	0.00112723	0.194349	5.14539	762.68	2777.12	2014.44	2.13843	6.58498	4.44655
1.20	187.96	0.00113850	0.163250	6.12558	798.50	2783.77	1985.27	2.21630	6.52169	4.30539
1.40	195.05	0.00114892	0.140768	7.10389	830.13	2788.89	1958.76	2.28388	6.46752	4.18364
1.60	201.38	0.00115868	0.123732	8.08198	858.61	2792.88	1934.27	2.34381	6.42002	4.07621
1.80	207.12	0.00116792	0.110362	9.06107	884.61	2795.99	1911.37	2.39779	6.37760	3.97980
2.00	212.38	0.00117675	0.0995805	10.0421	908.62	2798.38	1889.76	2.44702	6.33916	3.89214
2.50	223.96	0.00119744	0.0799474	12.5082	961.98	2802.04	1840.06	2.55443	6.25597	3.70155
3.00	233.86	0.00121670	0.0666641	15.0006	1008.37	2803.26	1794.89	2.64562	6.18579	3.54017
3.50	242.56	0.00123498	0.0570582	17.5260	1049.78	2802.74	1752.97	2.72539	6.12451	3.39912
4.00	250.36	0.00125257	0.0497766	20.0898	1087.43	2800.90	1713.47	2.79665	6.06971	3.27306
5.0	263.94	0.00128641	0.0394463	25.3509	1154.50	2794.23	1639.73	2.92075	5.97370	3.05296
6.0	275.59	0.00131927	0.0324487	30.8179	1213.73	2784.56	1570.83	3.02744	5.89007	2.86263
7.0	285.83	0.00135186	0.0273796	36.5236	1267.44	2772.57	1505.13	3.12199	5.81463	2.69264
8.0	295.01	0.00138466	0.0235275	42.5034	1317.08	2758.61	1441.53	3.20765	5.74485	2.53720
9.0	303.35	0.00141812	0.0204929	48.7973	1363.65	2742.88	1379.23	3.28657	5.67901	2.39244
10.0	311.00	0.00145262	0.0180336	55.4521	1407.87	2725.47	1317.61	3.36029	5.61589	2.25560
12.0	324.68	0.00152633	0.0142689	70.0822	1491.33	2685.58	1194.26	3.49646	5.49412	1.99766
14.0	336.67	0.00160971	0.0114889	87.0408	1570.88	2638.09	1067.21	3.62300	5.37305	1.75005
16.0	347.36	0.00170954	0.00930813	107.433	1649.67	2580.80	931.13	3.74568	5.24627	1.50059
18.0	356.99	0.00183949	0.00749867	133.357	1732.02	2509.53	777.51	3.87167	5.10553	1.23386
20.0	365.75	0.00203865	0.00585828	170.699	1827.10	2411.39	584.29	4.01538	4.92990	0.91452
22.0	373.71	0.00275039	0.00357662	279.593	2021.92	2164.18	142.27	4.31087	4.53080	0.21993
22.064	373.946	0.00310559	0.00310559	322	2087.55	2087.55	0	4.41202	4.41202	0

付表 9.2　圧縮水，過熱水蒸気表[1]

圧力　MPa (飽和温度℃)		温　　度　　℃							
		100	200	300	400	500	600	700	800
0.01 (45.808)	v	17.197	21.826	26.446	31.064	35.680	40.296	44.912	49.528
	h	2687.43	2879.59	3076.73	3279.94	3489.67	3706.27	3929.91	4160.62
	s	8.4488	8.9048	9.2827	9.6093	9.8997	10.1631	10.4055	10.6311
0.02 (60.059)	v	8.5857	10.907	13.220	15.530	17.839	20.147	22.455	24.763
	h	2686.19	2879.14	3076.49	3279.78	3489.57	3706.19	3929.85	4160.57
	s	8.1262	8.5842	8.9624	9.2892	9.5797	9.8431	10.0855	10.3112
0.05 (81.317)	v	3.4188	4.3563	5.2841	6.2095	7.1339	8.0578	8.9814	9.9048
	h	2682.40	2877.77	3075.76	3279.32	3489.24	3705.96	3929.67	4160.44
	s	7.6952	8.1591	8.5386	8.8658	9.1565	9.4200	9.6625	9.8882
0.1 (99.606)	v	1.6960	2.1725	2.6389	3.1027	3.5656	4.0279	4.4900	4.9520
	h	2675.77	2875.48	3074.54	3278.54	3488.71	3705.57	3929.38	4160.21
	s	7.3610	7.8356	8.2171	8.5451	8.8361	9.0998	9.3424	9.5681
0.2 (120.21)	v	0.0010434	1.0805	1.3162	1.5493	1.7814	2.0130	2.2444	2.4755
	h	419.17	2870.78	3072.08	3276.98	3487.64	3704.79	3928.80	4159.76
	s	1.3069	7.5081	7.8940	8.2235	8.5151	8.7792	9.0220	9.2479
0.3 (133.53)	v	0.0010434	0.71644	0.87534	1.0315	1.1867	1.3414	1.4958	1.6500
	h	419.25	2865.95	3069.61	3275.42	3486.56	3704.02	3928.21	4159.31
	s	1.3069	7.3132	7.7037	8.0346	8.3269	8.5914	8.8344	9.0604
0.4 (143.61)	v	0.0010433	0.53434	0.65488	0.77264	0.88936	1.0056	1.1215	1.2373
	h	419.32	2860.99	3067.11	3273.86	3485.49	3703.24	3927.63	4158.85
	s	1.3068	7.1724	7.5677	7.9001	8.1931	8.4579	8.7012	8.9273
0.5 (151.84)	v	0.0010433	0.42503	0.52260	0.61729	0.71095	0.80410	0.89696	0.98967
	h	419.40	2855.90	3064.60	3272.29	3484.41	3702.46	3927.05	4158.4
	s	1.3067	7.0611	7.4614	7.7954	8.0891	8.3543	8.5977	8.8240
0.6 (158.83)	v	0.0010432	0.35212	0.43441	0.51373	0.59200	0.66977	0.74725	0.82457
	h	419.47	2850.66	3062.06	3270.72	3483.33	3701.68	3926.46	4157.95
	s	1.3066	6.9684	7.3740	7.7095	8.0039	8.2694	8.5131	8.7395
0.7 (164.95)	v	0.0010432	0.29999	0.37141	0.43976	0.50704	0.57382	0.64032	0.70665
	h	419.55	2845.29	3059.50	3269.14	3482.25	3700.90	3925.88	4157.50
	s	1.3065	6.8884	7.2995	7.6366	7.9317	8.1976	8.4415	8.6680
0.8 (170.41)	v	0.0010431	0.26087	0.32415	0.38427	0.44332	0.50186	0.56011	0.61820
	h	419.62	2839.77	3056.92	3267.56	3481.17	3700.12	3925.29	4157.04
	s	1.3065	6.8176	7.2345	7.5733	7.8690	8.1353	8.3794	8.6060
0.9 (175.36)	v	0.0010430	0.23040	0.28739	0.34112	0.39376	0.44589	0.49773	0.54941
	h	419.70	2834.10	3054.32	3265.98	3480.09	3699.34	3924.70	4156.59
	s	1.3064	6.7538	7.1768	7.5172	7.8136	8.0803	8.3246	8.5513
1.0 (179.89)	v	0.0010430	0.20600	0.25798	0.30659	0.35411	0.40111	0.44783	0.49438
	h	419.77	2828.27	3051.70	3264.39	3479.00	3698.56	3924.12	4156.14
	s	1.3063	6.6955	7.1247	7.4668	7.7640	8.0309	8.2755	8.5024
1.5 (198.30)	v	0.0010427	0.13244	0.16970	0.20301	0.23516	0.26678	0.29812	0.32928
	h	420.15	2796.02	3038.27	3256.37	3473.57	3694.64	3921.18	4153.87
	s	1.3059	6.4537	6.9199	7.2708	7.5716	7.8404	8.0860	8.3135
2.0 (212.38)	v	0.0010425	0.0011561	0.12550	0.15121	0.17568	0.19961	0.22326	0.24674
	h	420.53	852.57	3024.25	3248.23	3468.09	3690.71	3918.24	4151.59
	s	1.3055	2.3301	6.7685	7.1290	7.4335	7.7042	7.9509	8.1791

v：比容積 m³/kg,　h：比エンタルピー kJ/kg,　s：比エントロピー kJ/(kgK)

付表9.2 つづき

圧力 MPa (飽和温度℃)		温度 ℃							
		100	200	300	400	500	600	700	800
3 (233.86)	v	0.0010420	0.0011550	0.081175	0.099377	0.11619	0.13244	0.14840	0.16419
	h	421.28	852.98	2994.35	3231.57	3457.04	3682.81	3912.34	4147.03
	s	1.3048	2.3285	6.5412	6.9233	7.2356	7.5102	7.7590	7.9885
4 (250.36)	v	0.0010415	0.0011540	0.058868	0.073432	0.086441	0.098857	0.11097	0.12292
	h	422.03	853.39	2961.65	3214.37	3445.84	3674.85	3906.41	4142.46
	s	1.3040	2.3269	6.3638	6.7712	7.0919	7.3704	7.6215	7.8523
5 (263.94)	v	0.0010410	0.0011530	0.045347	0.057840	0.068583	0.078703	0.088515	0.098151
	h	422.78	853.80	2925.64	3196.59	3434.48	3666.83	3900.45	4137.87
	s	1.3032	2.3254	6.2109	6.6481	6.9778	7.2604	7.5137	7.7459
6 (275.59)	v	0.0010405	0.0011521	0.036191	0.047423	0.056672	0.065264	0.073542	0.081642
	h	423.53	854.22	2885.49	3178.18	3422.95	3658.76	3894.47	4133.27
	s	1.3024	2.3238	6.0702	6.5431	6.8824	7.1692	7.4248	7.6583
8 (295.01)	v	0.0010395	0.0011501	0.024280	0.034348	0.041769	0.048463	0.054825	0.061005
	h	425.04	855.06	2786.38	3139.31	3399.37	3642.42	3882.42	4124.02
	s	1.3009	2.3207	5.7935	6.3657	6.7264	7.0221	7.2823	7.5186
10 (311.00)	v	0.0010385	0.0011482	0.0014471	0.026439	0.032813	0.038377	0.043594	0.048624
	h	426.55	855.92	1401.77	3097.38	3375.06	3625.84	3870.27	4114.73
	s	1.2994	2.3177	3.3498	6.2139	6.5993	6.9045	7.1696	7.4087
15 (342.16)	v	0.0010361	0.0011435	0.0013783	0.015671	0.020828	0.024921	0.028619	0.032118
	h	430.32	858.12	1338.06	2975.55	3310.79	3583.31	3839.48	4091.33
	s	1.2956	2.3102	3.2275	5.8817	6.3479	6.6797	6.9576	7.2039
20 (365.75)	v	0.0010337	0.0011390	0.0013611	0.0099496	0.014793	0.018184	0.021133	0.023869
	h	434.10	860.39	1334.14	2816.84	3241.19	3539.23	3808.15	4067.73
	s	1.2918	2.3030	3.2087	5.5525	6.1445	6.5077	6.7994	7.0534
25	v	0.0010313	0.0011346	0.0013459	0.0060048	0.011142	0.014140	0.016643	0.018922
	h	437.88	862.73	1331.06	2578.59	3165.92	3493.69	3776.37	4044.00
	s	1.2881	2.2959	3.1915	5.1399	5.9642	6.3638	6.6706	6.9324
30	v	0.0010290	0.0011304	0.0013322	0.0027964	0.0086903	0.011444	0.013654	0.015629
	h	441.67	865.14	1328.66	2152.37	3084.79	3446.87	3744.24	4020.23
	s	1.2845	2.2890	3.1756	4.4750	5.7956	6.2374	6.5602	6.8303
40	v	0.0010245	0.0011224	0.0013083	0.0019107	0.0056249	0.0080891	0.0099310	0.011523
	h	449.27	870.12	1325.41	1931.13	2906.69	3350.43	3679.42	3972.81
	s	1.2773	2.2758	3.1469	4.1141	5.4746	6.0170	6.3743	6.6614
50	v	0.0010201	0.0011149	0.0012879	0.0017309	0.0038894	0.0061087	0.0077176	0.0090741
	h	456.87	875.31	1323.74	1874.31	2722.52	3252.61	3614.76	3925.96
	s	1.2703	2.2631	3.1214	4.0028	5.1759	5.8245	6.2180	6.5226
60	v	0.0010159	0.0011077	0.0012700	0.0016329	0.0029516	0.0048336	0.062651	0.0074568
	h	464.49	880.67	1323.25	1843.15	2570.40	3156.95	3551.39	3880.15
	s	1.2634	2.2509	3.0982	3.9316	4.9356	5.6528	6.0815	6.4034
80	v	0.0010078	0.0010945	0.0012398	0.0015163	0.0021880	0.0033837	0.0045161	0.0054762
	h	479.75	891.85	1324.85	1808.76	2397.56	2988.09	3432.92	3793.32
	s	1.2501	2.2280	3.0572	3.8339	4.6474	5.3674	5.8509	6.2039
100	v	0.0010002	0.0010826	0.0012148	0.0014432	0.0018932	0.0026723	0.0035462	0.0043355
	h	495.04	903.51	1328.92	1791.14	2316.23	2865.07	3330.76	3715.19
	s	1.2373	2.2066	3.0215	3.7638	4.4899	5.1580	5.6640	6.0405

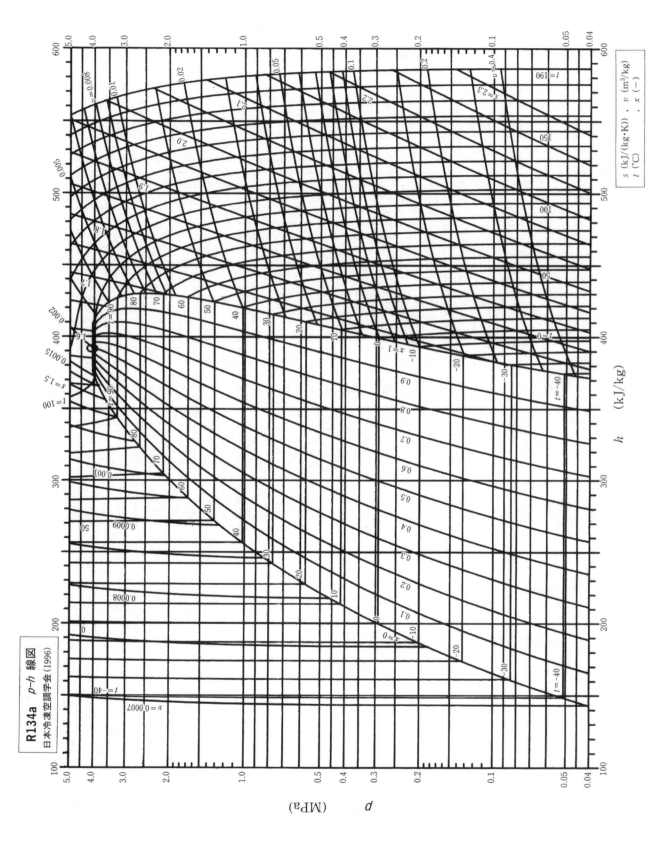

付図 10.1　R134a の P−h 線図(2)

110

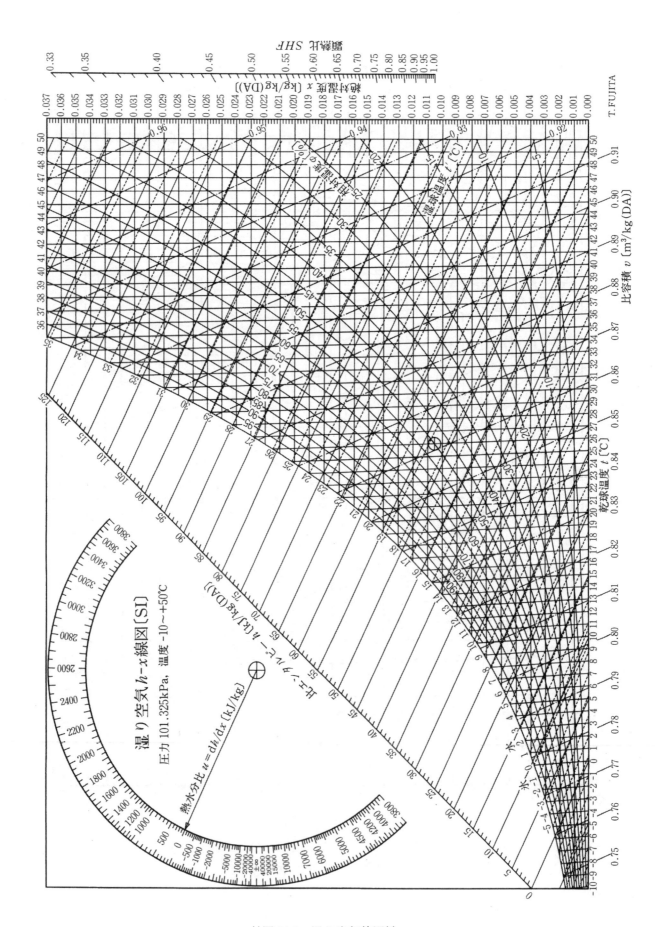

付図 10.2　湿り空気線図[3]

付表 10.1　飽和湿り空気表（大気圧，0℃）[4]

温度	絶対湿度	容積	エンタルピ	エントロピ	圧力	温度	絶対湿度	容積	エンタルピ	エントロピ	圧力
℃	kg/kg'	m³/kg'	kJ/kg'	kJ/(kg'K)	kPa	℃	kg/kg'	m³/kg'	kJ/kg'	kJ/(kg'K)	kPa
-30	0.0002346	0.6884	-29.597	-0.1145	0.03802	31	0.029014	0.9015	105.369	0.3658	4.4961
-29	0.0002602	0.6912	-28.529	-0.1101	0.04217	32	0.030793	0.9069	110.979	0.3842	4.7586
-28	0.0002883	0.6941	-27.454	-0.1057	0.04673	33	0.032674	0.9125	116.857	0.4035	5.0345
-27	0.0003193	0.6970	-26.372	-0.1013	0.05175	34	0.034660	0.9183	123.011	0.4236	5.3245
-26	0.0003533	0.6999	-25.282	-0.0969	0.05725	35	0.036756	0.9242	129.455	0.4446	5.6280
-25	0.0003905	0.7028	-24.184	-0.0924	0.06329	36	0.038971	0.9303	136.209	0.4666	5.9468
-24	0.0004314	0.7057	-23.078	-0.0880	0.06991	37	0.041309	0.9366	143.290	0.4895	6.2812
-23	0.0004762	0.7086	-21.961	-0.0835	0.07716	38	0.043778	0.9431	150.713	0.5135	6.6315
-22	0.0005251	0.7115	-20.834	-0.0790	0.08510	39	0.046386	0.9498	158.504	0.5386	6.9988
-21	0.0005787	0.7144	-19.695	-0.0745	0.09378	40	0.049141	0.9568	166.683	0.5649	7.3838
-20	0.0006373	0.7173	-18.545	-0.0699	0.10326	41	0.052049	0.9640	175.265	0.5923	7.7866
-19	0.0007013	0.7202	-17.380	-0.0653	0.11362	42	0.055119	0.9714	184.275	0.6211	8.2081
-18	0.0007711	0.7231	-16.201	-0.0607	0.12492	43	0.058365	0.9792	193.749	0.6512	8.6495
-17	0.0008473	0.7261	-15.006	-0.0560	0.13725	44	0.061791	0.9872	203.699	0.6828	9.1110
-16	0.0009303	0.7290	-13.793	-0.0513	0.15068	45	0.065411	0.9955	214.164	0.7159	9.5935
-15	0.0010207	0.7320	-12.562	-0.0465	0.16530	46	0.069239	1.0042	225.179	0.7507	10.0982
-14	0.0011191	0.7349	-11.311	-0.0416	0.18122	47	0.073282	1.0132	236.759	0.7871	10.6250
-13	0.0012262	0.7379	-10.039	-0.0367	0.19852	48	0.077556	1.0226	248.955	0.8253	11.1754
-12	0.0013425	0.7409	-8.742	-0.0318	0.21732	49	0.082077	1.0323	261.803	0.8655	11.7502
-11	0.0014690	0.7439	-7.421	-0.0267	0.23775	50	0.086858	1.0425	275.345	0.9077	12.3503
-10	0.0016062	0.7469	-6.072	-0.0215	0.25991	51	0.091918	1.0532	289.624	0.9521	12.9764
-9	0.0017551	0.7499	-4.693	-0.0163	0.28395	52	0.097272	1.0643	304.682	0.9988	13.6293
-8	0.0019166	0.7530	-3.283	-0.0110	0.30999	53	0.102948	1.0760	320.596	1.0480	14.3108
-7	0.0020916	0.7560	-1.838	-0.0055	0.33821	54	0.108954	1.0882	337.388	1.0998	15.0205
-6	0.0022811	0.7591	-0.357	-0.0000	0.36874	55	0.115321	1.1009	355.137	1.1544	15.7601
-5	0.0024862	0.7622	1.164	-0.0057	0.40178	56	0.122077	1.1143	373.922	1.2120	16.5311
-4	0.0027081	0.7653	2.728	-0.0115	0.43748	57	0.129243	1.1284	393.798	1.2728	17.3337
-3	0.0029480	0.7685	4.336	-0.0175	0.47606	58	0.136851	1.1432	414.850	1.3370	18.1691
-2	0.0032074	0.7717	5.995	-0.0236	0.51773	59	0.144942	1.1588	437.185	1.4050	19.0393
-1	0.0034874	0.7749	7.706	-0.0299	0.56268	60	0.15354	1.1752	460.863	1.4768	19.9439
0	0.0037895	0.7781	9.473	0.0364	0.61117	61	0.16269	1.1926	486.036	1.5530	20.8858
0*	0.003789	0.7781	9.473	0.0364	0.6112	62	0.17244	1.2109	512.798	1.6337	21.8651
						63	0.18284	1.2303	541.266	1.7194	22.8826
1	0.004076	0.7813	11.203	0.0427	0.6571	64	0.19393	1.2508	571.615	1.8105	23.9405
2	0.004381	0.7845	12.982	0.0492	0.7060	65	0.20579	1.2726	603.995	1.9074	25.0397
3	0.004707	0.7878	14.811	0.0559	0.7581						
4	0.005054	0.7911	16.696	0.0627	0.8135	66	0.21848	1.2958	638.571	2.0106	26.1810
5	0.005424	0.7944	18.639	0.0697	0.8725	67	0.23207	1.3204	675.566	2.1208	27.3664
						68	0.24664	1.3467	715.196	2.2385	28.5967
6	0.005818	0.7978	20.644	0.0769	0.9353	69	0.26231	1.3749	757.742	2.3646	29.8741
7	0.006237	0.8012	22.713	0.0843	1.0020	70	0.27916	1.4049	803.448	2.4996	31.1986
8	0.006683	0.8046	24.852	0.0919	1.0729						
9	0.007157	0.8081	27.064	0.0997	1.1481	71	0.29734	1.4372	852.706	2.6448	32.5734
10	0.007661	0.8116	29.352	0.1078	1.2280	72	0.31698	1.4719	905.842	2.8010	33.9983
						73	0.33824	1.5093	963.323	2.9696	35.4759
11	0.008197	0.8152	31.724	0.1162	1.3128	74	0.36130	1.5497	1025.603	3.1518	37.0063
12	0.008766	0.8188	34.179	0.1248	1.4026	75	0.38641	1.5935	1093.375	3.3496	38.5940
13	0.009370	0.8225	36.726	0.1337	1.4979						
14	0.010012	0.8262	39.370	0.1430	1.5987	76	0.41377	1.6411	1167.172	3.5644	40.2369
15	0.010692	0.8300	42.113	0.1525	1.7055	77	0.44372	1.6930	1247.881	3.7987	41.9388
						78	0.47663	1.7498	1336.483	4.0553	43.7020
16	0.011413	0.8338	44.963	0.1624	1.8185	79	0.51284	1.8121	1433.918	4.3368	45.5248
17	0.012178	0.8377	47.926	0.1726	1.9380	80	0.55295	1.8810	1541.781	4.6477	47.4135
18	0.012989	0.8417	51.008	0.1832	2.0643						
19	0.013848	0.8457	54.216	0.1942	2.1979	81	0.59751	1.9572	1661.552	4.9921	49.3670
20	0.014758	0.8498	57.555	0.2057	2.3389	82	0.64724	2.0422	1795.148	5.3753	51.3680
						83	0.70311	2.1373	1945.158	5.8045	53.4746
21	0.015721	0.8540	61.035	0.2175	2.4878	84	0.76624	2.2446	2114.603	6.2882	55.6337
22	0.016741	0.8583	64.660	0.2298	2.6448	85	0.83812	2.3666	2307.436	6.8373	57.8658
23	0.017821	0.8627	68.440	0.2426	2.8105						
24	0.018963	0.8671	72.385	0.2559	2.9852	86	0.92062	2.5062	2528.677	7.4658	60.1727
25	0.020170	0.8717	76.500	0.2698	3.1693	87	1.01611	2.6676	2784.666	8.1914	62.5544
						88	1.12800	2.8565	3084.551	9.0393	65.0166
26	0.021448	0.8764	80.798	0.2842	3.3633	89	1.26064	3.0800	3439.925	10.0419	67.5581
27	0.022798	0.8811	85.285	0.2992	3.5674	90	1.42031	3.3488	3867.599	11.2455	70.1817
28	0.024226	0.8860	89.976	0.3148	3.7823						
29	0.025735	0.8910	94.878	0.3311	4.0084						
30	0.027329	0.8962	100.006	0.3481	4.2462						

*　準平衡な過冷却液

111

112

参考文献
(1) 日本機械学会編：蒸気表(1999)
(2) 日本冷凍空調学会編：R134a *p-h* 線図(1996)
(3) 日本冷凍空調学会編：湿り空気表
(4) ASHRAE Fundamental Handbook (1997)

解答

第2章

【2・1】便宜上，断面積 A (m^2)の導入管の内部にピストンを考え一定圧力 P (Pa)の下で，x (m)だけ動かして，気体を容器内に送り込むものとする．ピストンにかかる力は，PA (Pam^2)であり，x だけ動かす仕事すなわちエネルギーは PAx (Nm=J)となる．このとき，送り込む体積は $V=Ax$ (m^3)として表現できるので，必要なエネルギーは PV (J)として表される．したがって，以下のように求められる．

$$PV = 0.2\times10^6 \times 4\left(\text{Pa}\cdot\text{m}^3 = \frac{\text{N}}{\text{m}^2}\cdot\text{m}^3 = \text{N}\cdot\text{m} = \text{J}\right)$$
$$= 800\,\text{kJ}$$

【2・2】熱容量 ρc の物体に微小熱量 ΔQ を加えた場合，温度 T 近傍における温度上昇を ΔT とすると，以下のエネルギー保存式が記述できる．

$$\rho c\Delta T = \Delta Q$$

これを T_1 から T_2 まで積分すると以下のように記述できる．

$$Q = \rho\int_{T_1}^{T_2} c\,dT$$

また，平均比熱 c_m を用いて記述すると，

$$Q = \rho c_m (T_2 - T_1)$$

である．上述の2式の右辺が等しいとすれば，平均比熱は以下のように記述できる．

$$c_m = \frac{1}{T_2 - T_1}\int_{T_1}^{T_2} c\,dT$$

【2・3】アルミニウムを挿入する前には，ドロップ式カロリーメータ内は熱平衡状態となっていることから，水と容器の温度はともに16.4℃である．アルミニウムを挿入し，熱平衡状態となったときには，それらの温度は全て23.2℃となる．したがって，アルミニウムの比熱を c として，アルミニウムが放出する熱量とカロリーメータが受取る熱量が等しいとすると以下のように記述できる．

$$(80 - 23.2)\times 0.4\times c = (23.2 - 16.4)\times 0.7\times 4.186 + (23.2 - 16.4)$$
$$\times 0.3\times 0.234$$

したがって，比熱 c は0.898kJ/kgK となる．

【2・4】例えば，図2.8に示すような，重力方向と反対方向に引き上げる手巻きウインチを用いて，重さ7.5kgの錘を，1mの高さまで持ち上げる時間を計測する．1秒間で持ち上げられれ

ば，そのときに発生した馬力は平均で0.1馬力となる．

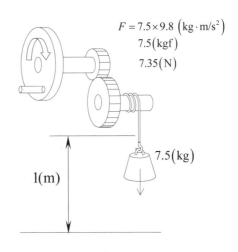

$$F = 7.5\times9.8 \,\left(\text{kg}\cdot\text{m/s}^2\right)$$
$$7.5\,(\text{kgf})$$
$$7.35\,(\text{N})$$

1(m)

7.5(kg)

図2.8 手巻きウインチ

【2・5】図2.6(a)の場合，容積が一定に保たれているので，定積比熱 0.719 kJ/kgK を用いて，$(T - 293.15)\times 0.5\times 0.719 = 40$，つまり $T = 404.42$K となる．一方，図2.6(b)の場合，ピストンが動くことにより，圧力が一定に保たれることから，定圧比熱 1.0kJ/kgK を用いて，$(T - 293.15)\times 0.5\times 1.0 = 40$，つまり $T = 373.15$K となる．同じ熱量を与えても到達温度が異なることになる．

【2・6】理想気体の状態方程式から $pV = nR_0 T$ より，

$$300000\times\frac{4}{3}\pi 6^3 = n\times 8.314\times 298.15$$
$$\therefore\ n = 109.5\text{kmol}$$

また，$m = n\times 4.0026$ より，質量 m は，438.29kg となる．

【2・7】大気圧によりピストンに加わる力とピストンの質量 m に伴う重力の和が，シリンダー内部の圧力から生ずる力に等しいことから，

$$101325\times 40\times 10^{-4} + m\times 9.8 = 400000\times 40\times 10^{-4}$$

したがって，121.91kg となる．

【2・8】タンクの容積を V とすると，初期条件における状態方程式は，

$$100000\times V = 20\times R_{air}\times 288.15$$

である．また，加えた空気の質量を m とすると，注入した後の状態方程式は，

$$300000\times V = (m + 20)\times R_{air}\times 298.15$$

である．これら2つの式から V を消去し，m を求めると，

$$m = \frac{300000}{R_{air} \times 298.15} \times \frac{20 \times R_{air} \times 288.15}{100000} - 20 = 37.99 \text{kg}$$

となる.

【2・9】水素のモル数を n_1 とすると，理想気体の状態方程式から，

$$10000000 \times \frac{\pi}{4} \times 0.3^2 \times 1.5 = n_1 \times 8.314 \times 303.15$$

であり，モル数 n_1 は 420.68mol である．また，漏れた後の状態方程式は，

$$96000000 \times \frac{\pi}{4} \times 0.3^2 \times 1.5 = n_2 \times 8.314 \times 288.15$$

であり，そのモル数 n_2 は 424.88mol である．したがって，漏れた水素は 4.20mol となり，その質量は，8.47kg となる．

【2・10】上記問題 2.9 において漏れた後のモル数 424.88mol は温度が 25℃となっても変わらない．一方，タンクの圧力が大気圧となった場合のモル数は，状態方程式より，

$$101325 \times \frac{\pi}{4} \times 0.3^2 \times 1.5 = n_3 \times 8.314 \times 298.15$$

つまり，n_3=4.33mol となる．したがって，424.88-4.33=420.55mol の水素が利用可能となる．このモル数に相当する全エネルギーは，228.582×420.55=96130kJ となる．これを，毎秒 3kJ の割合で利用する（3kW=3kJ/sec.）ことになるので，96130/3=32043sec.，すなわち，8 時間 54 分 3 秒の走行時間であり，その走行距離は 60÷3600×32043=534.05km となる．

第3章

【3・1】式(3.3)より $\Delta U = 100 - (-70) = 170$ J

【3・2】式(3.38)より，
$\Delta T = \delta q/c_v = (10 \times 90 \times 10^3 \times 4.1868/3600 + 1000) \times (10 \times 60)$
$/(120/0.844)/(0.719 \times 10^3) \quad = 12.0$ K.

【3・3】いずれも容器内外の圧力が同じになると考える．題意より等温過程と考え，式(3.39)より $v_2 = p_1 v_1/p_2 = 0.08 \times 500/0.1 = 400$ ml．また，可逆断熱変化では式(3.50)より，$v_2 = v_1 (p_1/p_2)^{1/1.4} = 500 \times (0.08/0.1)^{1/1.4} = 426$ ml

【3・4】等積過程のため式(3.47)を用い，これと式(3.35)，(3.30)より $q = \Delta u = c_v \Delta T = (c_p - R)\Delta T = (c_p - R_0/M)\Delta T$，$c_p = 8.314/0.028 + 300 \times 10^3/420 = 1.01 \times 10^3$ J/(kg·K).

【3・5】題意より流体の位置エネルギーの変化を考慮しない．式(3.32)で放熱を正にとると，$Q = -(200 \times 10^3 + 50^2/2) + (2000 \times 10^3 + 200^2/2) = 1.82 \times 10^6$ J/kg = 1.82×10^3 kJ/kg.

【3・6】題意より，気体の位置エネルギーの変化を考慮しない．流入，流出側の配管断面積を A_1, A_2 とすると，式(3.23)，(3.17)より必要な仕事は
$\dot{L} = \dot{m} \cdot (-l) = \dot{m} \{\Delta h + (w_2^2 - w_1^2)/2 - q\}$
$= \dot{m}[\Delta u + (p_2 v_2 - p_1 v_1) + \{(\dot{m} v_2/A_2)^2 - (\dot{m} v_1/A_1)^2\}/2 - q]$
$= 0.45 \times [80 \times 10^3 + (0.65 \times 10^6 \times 0.15 - 0.1 \times 10^6 \times 0.85)$
$\qquad + \{(0.45 \times 0.15/0.015)^2 - (0.45 \times 0.85/0.060)^2\}/2] - (-60 \times 10^3)$
$= 1.02 \times 10^5$ W = 102 kW.

【3・7】外部への仕事は式(3.57)と $pv^{1.5}$=一定から，
$l = \{p_1 v_1 - p_2 \cdot (p_1/p_2)^{1/1.5} v_1\}/(n-1)$
$= \quad \{6 \times 10^6 \times 0.07 - 0.15 \times 10^6 \times (6 \times 10^6 / 0.15 \times 10^6)^{1/1.5} \times 0.07$
$= 5.94 \times 10^5$ J/kg = 594 kJ/kg.
外部への熱損失は式(3.4)より $-q = -\Delta u - l = -(220 - 980) - 594 = 166$ kJ/kg.

【3・8】一酸化炭素，酸素それぞれの分圧 p_{CO}, p_{O2} は式(3.63)より求まる．式(3.68)より容器内の全圧は，$p = p_{CO} + p_{O2} = 10 \times (8.314/0.028)(273.15 + 20)/0.5 + 5 \times (8.314/0.032)(273.15 + 20)/0.5 = 2.50 \times 10^6$ Pa = 2.50 MPa.

【3・9】式(3.66)より
$$(65.7 + 273.15)$$
$$= \frac{1 \times 10^{-3} \times 1.0 \times 10^3 \times (40 + 273.15) + 2 \times 10^{-3} \times c_p \times (80 + 273.15)}{1 \times 10^{-3} \times 1.0 \times 10^3 + 2 \times 10^{-3} \times c_p},$$
$c_p = 0.899$ kJ/(kg·K)

【3・10】式(3.70)，(3.30)より
$R = (0.755 \times 28/0.028 + 0.12 \times 32/0.032 + 0.125 \times 44/0.044)/(0.755 \times 28 + 0.12 \times 32 + 0.125 \times 44) \times 8.314 = 272.8$ J/(kg·K) = 0.2728 kJ/(kg·K)が混合ガスの気体定数である．膨張後の温度を T とすると式(3.56)より，
$T = (1000 + 273.15) \times (1/8)^{1.3-1} = 682.3$ K. 式(3.57)より，外部への仕事は
$l_{12} = 0.2728 \times (1273 - 682.3)/(1.3 - 1) = 537$ kJ/kg.

第4章

【4・1】石炭ガス化複合発電（IGCC : Integrated coal Gasification Combined Cycle）は，石炭と空気を高温で反応させて可燃性ガスをつくり，そのガスでコンバインドサイクル発電（ガスタービンと蒸気タービンを組み合わせた発電方式）を行うシステムであり，従来の石炭火力に比べて高効率化が可能なためCO_2の排出原単位を石油火力並に削減できる．この問題は，ある IGCC プラントの熱効率を計算するものである．熱効率の本編定義式

(4.1)で，$\dot{L} = 250\ \text{MW}$．また高温熱源の発熱量$\dot{Q}_H$は，石炭の発熱量と消費量の積から計算できる．

$$\dot{Q}_H = 30 \times 10^6\ \text{J/kg} \times 62 \times 10^3\ \text{kg/h} \div 3600\ \text{h/s} = 5.167 \times 10^8\ \text{W} \tag{4.1}$$

したがって

$$\eta = \frac{\dot{L}}{\dot{Q}_H} = \frac{250 \times 10^6\ \text{W}}{5.167 \times 10^8\ \text{W}} = 0.484 \tag{4.2}$$

熱効率は48.3%となる．これは従来の微粉炭火力発電の（送電端）効率の43〜45%を上回る．

【4・2】4.3 節で示したようにカルノーサイクル（図4.8 参照）は，2 つの可逆等温過程（$T = \text{const.}$）と 2 つの断熱過程（$\delta Q = 0$）で構成されている．（可逆）断熱過程は，エントロピー生成の本編式(4.14)において，エントロピー生成$dS_{\text{gen}} = 0$かつ$\delta Q = 0$なので，エントロピー変化$dS = 0$（$S = \text{const.}$）となる．したがって，これらの4つの過程は$T - S$線図上では下図4.1 に示したように四角形1234 で表される．Q_Hは12BA の領域，またQ_Lは43BA の領域で表される．本編式(4.2)より仕事Lは

$$L = Q_H - Q_L \tag{4.3}$$

となり，1234 の領域の面積が対応する．下図の右側には，対応する$p - V$線図を示した．

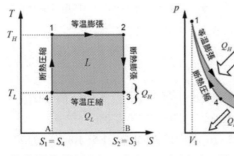

練習問題解答例 図4.1 カルノーサイクルの$T - S$線図（右は対応する線図

【4・3】エアコン（冷凍機）を動作させるための最小消費電力（仕事率）は，逆カルノーサイクルによる理論最大動作係数により計算できる．本編式(4.8)を単位時間当たりで表記すれば

$$\frac{\dot{Q}_L}{\dot{L}} = \frac{\dot{Q}_L}{\dot{Q}_H - \dot{Q}_L} \leq \frac{T_L}{T_H - T_L} = \varepsilon_{\text{R, Carnot}} \tag{4.4}$$

となり，さらに書き直せば

$$\frac{\dot{L}}{\dot{Q}_L} \geq \frac{T_H - T_L}{T_L} \tag{4.5}$$

のようになる．したがって，高温熱源T_Hと低温熱源T_Lの間で作動するエアコンの消費電力$\dot{L}$は次式で表すことができる．

$$\dot{L} \geq \dot{Q}_L \frac{T_H - T_L}{T_L} \tag{4.6}$$

式(4.6)が等号の場合に最小消費電力となる．

またエアコンが定常運転しているとすれば，室内から除去するべき熱量$\dot{Q}_L$は，家の窓・屋根・壁から侵入してくる熱伝達量$\dot{Q}_{\text{leak}}$に等しいと考えることが出来る．定常状態では，室内に入ってくる熱量と同じ熱量をエアコンで外に排出することによって，室内温度を一定に保っているわけである．JSME テキストシリーズ「伝熱工学」p-9の対流熱伝達の式(1.4)を利用すれば，

$$\dot{Q}_{\text{leak}} = \dot{Q}_L = Ah\left(T_H - T_L\right) \tag{4.7}$$

が成り立つ．ここで$A\,(\text{m}^2)$は部屋の伝熱面積，$h\,(\text{W}/(\text{m}^2 \cdot \text{K}))$は平均熱伝達率でいずれもエアコン動作中は一定と仮定する．式(4.7)を式(4.6)に代入すれば次式が得られる．

$$\dot{L} \geq \frac{Ah\left(T_H - T_L\right)^2}{T_L} \tag{4.8}$$

(a) 室内温度$T_L = 25\,°\text{C}$で，外気温度がそれぞれ$T_H = 30\,°\text{C}$と$35\,°\text{C}$の場合のエアコンの最小消費電力は式(4.8)を利用して，それぞれ次のように計算される．

$$\left(\dot{L}_{\min}\right)_{T_H=30°\text{C}} = \frac{Ah(30-25)^2\ \text{WK}}{273.15+25\ \text{K}} = 8.385 \times 10^{-2}\,Ah\ (\text{W}) \tag{4.9}$$

$$\left(\dot{L}_{\min}\right)_{T_H=35°\text{C}} = \frac{Ah(35-25)^2\ \text{WK}}{273.15+25\ \text{K}} = 3.354 \times 10^{-1}\,Ah\ (\text{W}) \tag{4.10}$$

式(4.9)と(4.10)の比をとれば

$$\frac{\left(\dot{L}_{\min}\right)_{T_H=35°\text{C}}}{\left(\dot{L}_{\min}\right)_{T_H=30°\text{C}}} = \frac{3.354 \times 10^{-1}\,Ah}{8.385 \times 10^{-2}\,Ah} = 4 \tag{4.11}$$

つまり室内温度25 °C 設定の場合，外気温度が30 °C から

35 ℃ に 5 ℃ 上昇すると，エアコンの最小消費電力は 4 倍大きくなる．

(b) (a)と同様の計算を，外気温度を $T_H = 35$ ℃ で一定として，室内温度をそれぞれ $T_L = 25$ ℃ と 28 ℃ に設定した場合のエアコンの最小必要電力を計算すればよい．

$$\left(\dot{L}_{\min}\right)_{T_L=25\,℃} = \frac{Ah(35-25)^2\,\text{W}\cdot\text{K}}{273.15+25\,\text{K}} = 3.354\times10^{-1}\,Ah\,(\text{W}) \quad (4.12)$$

$$\left(\dot{L}_{\min}\right)_{T_L=28\,℃} = \frac{Ah(35-28)^2\,\text{WK}}{273.15+28\,\text{K}} = 1.627\times10^{-1}\,Ah\,(\text{W}) \quad (4.13)$$

式(4.12)と(4.13)の比をとれば

$$\frac{\left(\dot{L}_{\min}\right)_{T_L=28\,℃}}{\left(\dot{L}_{\min}\right)_{T_L=25\,℃}} = \frac{1.627\times10^{-1}\,Ah}{3.354\times10^{-1}\,Ah} = 0.485 \quad (4.14)$$

つまり外気温度 35 ℃ の場合，室内温度の設定を 25 ℃ から 28 ℃ に 3 ℃ 上昇させると，エアコンの最小消費電力は48.5%になる．（51.5%消費電力低減，つまり約半分の省エネになると言える．）

(c) 上記(a)と(b)の解答例をもとに，各自考察せよ．

【4・4】この特許で主張しているヒートポンプの COP を，理論的に最大（つまりそれ以上の場合は実現不可能）の逆カルノーサイクルによるヒートポンプの COP と比較して，評価すればよい．本編式(4.9)を用いれば，

$$\varepsilon_{\text{H, Carnot}} = \frac{1}{1-T_L/T_H} = \frac{1}{1-(273.15-10\,\text{K})/(273.15+25\,\text{K})} = 8.52 \quad (4.15)$$

と計算される．したがって主張している COP=10 は，この理論最大値より大きく実現不可能であり，この特許は自然法則に反し無効と判断される．

【4・5】(a) 理想気体の比エントロピー変化の計算式(4.27)（本編）は

$$\Delta s = c_p \ln\left(\frac{T_2}{T_1}\right) - R\ln\left(\frac{p_2}{p_1}\right) \quad (4.16)$$

であるから，対応する数値を代入すれば以下のように計算される．

$$\Delta s = 1.00kJ/(kg\cdot K)\times\ln\left(\frac{273.15-40K}{273.15+20K}\right) - 0.286kJ/(kg\cdot K)\ln\left(\frac{0.2MPa}{0.1MPa}\right)$$
$$= -0.427kJ/(kg\cdot K) \quad (4.17)$$

(b) (a)と同様に水素の場合の数値を代入すれば，以下のように計算される．

$$\Delta s = 14.32kJ/(kg\cdot K)\times\ln\left(\frac{273.15+500K}{273.15+300K}\right) - 4.124kJ/(kg\cdot K)\ln\left(\frac{0.2MPa}{0.1MPa}\right)$$
$$= 1.43kJ/(kg\cdot K) \quad (4.18)$$

(c) 水の場合は，JSME テキストシリーズ「熱力学」p-179の蒸気表を利用する．

$T_1 = 150$ ℃ の飽和蒸気の比エントロピーは，付表9.1(a)より

$$s_1 = s'' = 6.83703\,\text{kJ/(kg}\cdot\text{K)} \quad (4.19)$$

同様に $T_2 = 150$ ℃ の飽和液の比エントロピーは

$$s_2 = s' = 1.84195\,\text{kJ/(kg}\cdot\text{K)} \quad (4.20)$$

したがって，比エントロピーの変化量は

$$\Delta s = s_2 - s_1 = 1.84195 - 6.83703 = -5.00\,\text{kJ/(kg}\cdot\text{K)} \quad (4.21)$$

(d) 過熱水蒸気の比エントロピーについては，JSME テキストシリーズ「熱力学」p-181付表9.2の蒸気表を利用する．

$T_1 = 800$ ℃，$p_1 = 1.5$ MPa の過熱水蒸気の比エントロピーは

$$s_1 = 8.3135\,\text{kJ/(kg}\cdot\text{K)} \quad (4.22)$$

また，$T_2 = 200$ ℃，$p_2 = 0.02$ MPa の過熱水蒸気の比エントロピーは

$$s_2 = 8.5842\,\text{kJ/(kg}\cdot\text{K)} \quad (4.23)$$

したがって，比エントロピーの変化量は

$$\Delta s = s_2 - s_1 = 8.5842 - 8.3135 = 0.271\,\text{kJ/(kg}\cdot\text{K)} \quad (4.24)$$

【4・6】この問題は，最初に閉じた系を適切に定義する必要がある．落雷して放電エネルギーが最終的にすべて熱エネルギーに散逸する空間（地面や構造物など）を閉じた系として考える．またこの閉じた系内で落雷による（空間で平均した）温度上昇は十分に小さいと仮定すれば，エントロピー生成の定義式(4.13)（本編）を適用することができる．

$$S_{\text{gen}} = (S_2 - S_1) - \int_1^2 \frac{\delta Q}{T} \geq 0 \quad (4.25)$$

この閉じた系では，上式の右辺第 1 項は系内の温度上昇が無視できるとしたためゼロとなり，落雷という不可逆過程で生成したエントロピー S_{gen} が，定義した閉じた系から等温過程で系外へ熱輸送にともなうエントロピー輸送量に等しくなる．

$$S_{\text{gen}} = -\int_1^2 \frac{\delta Q}{T} = \frac{Q}{T} \quad (4.26)$$

系から外に出る熱量は負と定義しており，またその熱量 Q の大きさはジュール発熱として計算できるので

$$Q = V \times I \times t = 5\times10^7\,\text{V}\times10^5\,\text{A}\times0.3\,\text{s} = 1.5\times10^{12}\,\text{J} \quad (4.27)$$

したがって，この落雷によるエントロピー生成量は以下のように計算できる．

$$S_{\text{gen}} = \frac{Q}{T} = \frac{1.5 \times 10^{12} \text{ J}}{273.15 + 30 \text{ K}} = 4.95 \times 10^9 \text{ J/K} \qquad (4.28)$$

【4・7】地震のエネルギーが最終的にすべて熱エネルギーに散逸する空間（震源を中心とした地殻を想定）を閉じた系として考える．またこの閉じた系内で地震による（空間で平均した）温度上昇は十分に小さいと仮定すれば，問題 4.6 と同様にエントロピー生成を計算することができる．マグニチュード 7.9 の地震のエネルギーを与えられた式から計算すると

$$E_S = 4.467 \times 10^{16} \text{ J} \qquad (4.29)$$

となる．したがってエントロピー生成量は

$$S_{\text{gen}} = \frac{E_S}{T} = \frac{4.467 \times 10^{16} \text{ J}}{273.15 + 450 \text{ K}} = 6.18 \times 10^{13} \text{ J/K} \qquad (4.30)$$

と求められる．

第5章

【5・1】題意にあわせると，カルノーサイクルの効率，カルノー冷凍機の COP そしてカルノーヒートポンプの COP は次の式で表される．（本編式(4.7)〜(4.9)参照）

$$\eta_{\text{Carnot}} = 1 - \left(\frac{T}{T_0}\right)^{-1} \qquad (5.1)$$

$$\varepsilon_{\text{R, Carnot}} = \frac{1}{\left(T/T_0\right)^{-1} - 1} \qquad (5.2)$$

$$\varepsilon_{\text{H, Carnot}} = \frac{1}{1 - \left(T/T_0\right)^{-1}} \qquad (5.3)$$

これら 3 つの「第 1 法則的効率」を T/T_0 を統一した横軸にプロットしたのが下図である．第 1 法則的効率（COP を含む）は下図のようにそれぞれ変化するが，いずれもカルノー機関であり不可逆過程が存在しないため，第 2 法則的効率はすべての範囲で「1」で一定となる．

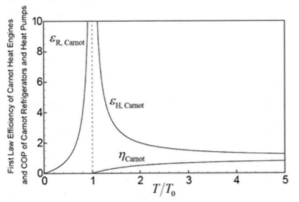

練習問題解答例　図 5.1　カルノーエンジン，冷凍機，ヒートポンプの第 1 法則的効率（COP）

第 2 法則的効率はすべて「1」となる

【5・2】初期温度 120 ℃ の鉄塊が，自然に 25 ℃ に冷却されるまでに放出される顕熱量 Q は

$$Q = mc(T_H - T_0) = 1000 \text{ kg} \times 0.5 \text{ kJ/(kg·K)} \times (120 - 25 \text{ K}) = 47500 \text{ kJ} \qquad (5.4)$$

となり，最初はこれが供給できる最大熱量と思われるかもしれない．しかし，ここで問題にしているのは不可逆損失のない理想的な供給最大熱量を考える必要がある．まず基本的な考え方として，式(5.4)の熱量のうちのエクセルギー分が，$T_H = 120$ ℃ と $T_0 = 25$ ℃ の温度差間で動作するカルノーサイクルから得られる仕事 E_Q として計算できる．演習 5 章の【例 5.5】の結果を利用すれば

$$E_Q = \int_{T_H}^{T_0} \left(1 - \frac{T_0}{T}\right)(-mc\,\mathrm{d}T) = mc\left[(T_H - T_0) - T_0 \ln\frac{T_H}{T_0}\right]$$
$$= 1000 \text{ kg} \times 0.5 \text{ kJ/(kg·K)} \times \left[(120 - 25) \text{ K} - (25 + 273.15) \text{ K} \ln\frac{120 + 273.15 \text{ K}}{25 + 273.15 \text{ K}}\right]$$
$$= 6267 \text{ kJ} \qquad (5.5)$$

が得られる．このエクセルギーを利用して，室内温度 $T_0 = 25$ ℃ と外気温度 $T_L = -1$ ℃ の間で逆カルノーヒートポンプを作動させれば，その COP は本編式(4.9)を用いて

$$\varepsilon_{\text{H, Carnot}} = \frac{1}{1 - T_L/T_0} = \frac{1}{1 - (273.15 - 1 \text{ K})/(273.15 + 25 \text{ K})} = 11.47 \qquad (5.6)$$

が得られるので，室内にこのヒートポンプでくみ上げることのできる最大熱量 Q_0 は，以下のように計算できる．

$$Q_0 = \varepsilon_{\text{H,Carnot}} E_Q = 11.47 \times 6267 \text{ kJ} = 71882 \text{ kJ} \qquad (5.7)$$

また，式(5.4)の顕熱量 Q からエクセルギー E_Q を差し引いた排熱量は，室内を暖める熱量として利用できるので，室内に供給できる最大の熱量 $Q_{\max}$ は，以下のように算出される．

$$Q_{\max} = (Q - E_Q) + Q_0 = (47500 - 6267) + 71882 = 113115 \text{ kJ} \qquad (5.8)$$

この大きさは，顕熱量の 2.38 倍である．

【5・3】(a) 閉じた系の微分で表現した比エクセルギーは本編式(5.18)で以下のように表される．

$$\mathrm{d}e_{\text{closed}} = -\mathrm{d}u + T_0\mathrm{d}s - p_0\mathrm{d}v \qquad (5.9)$$

理想気体の場合は，JSME テキストシリーズ「熱力学」p-79 の式(ex5.9)より

$$\mathrm{d}e_{\text{closed}} = -c_v\mathrm{d}T + T_0\left(\frac{c_p}{T}\mathrm{d}T - \frac{R}{p}\mathrm{d}p\right) - p_0 R\mathrm{d}\left(\frac{T}{p}\right) \qquad (5.10)$$

となり，積分すれば JSME テキストシリーズ「熱力学」p-79 の

式(ex5.10)すれば，以下のようになる．

$$e_{\text{closed}} = c_v T_0 \left(\frac{T_1}{T_0} - 1 - \frac{c_p}{c_v} \ln \frac{T_1}{T_0} \right) + RT_0 \left[\left(\frac{T_1}{T_0} \right) \left(\frac{p_0}{p_1} \right) - 1 - \ln \frac{p_0}{p_1} \right]$$

(5.11)

式(5.11)に与えられた数値を代入すれば

$$e_{\text{closed}} = 3.120 \,\text{kJ/(kg·K)} \times 298.15 \,\text{K}$$
$$\times \left(\frac{573.15\,\text{K}}{298.15\,\text{K}} - 1 - \frac{5.197\,\text{kJ/(kg·K)}}{3.120\,\text{kJ/(kg·K)}} \ln \frac{573.15\,\text{K}}{298.15\,\text{K}} \right) + 2.077\,\text{kJ/(kg·K)} \times 298.15\,\text{K}$$
$$\times \left[\left(\frac{573.15\,\text{K}}{298.15\,\text{K}} \right) \left(\frac{0.101325\,\text{MPa}}{10\,\text{MPa}} \right) - 1 - \ln \frac{0.101325\,\text{MPa}}{10\,\text{MPa}} \right]$$
$$= 2081.8\,\text{kJ/kg}$$

(5.12)

したがって，3kg のヘリウムでは以下のエクセルギーとなる．

$$E_{closed} = 2081.8 \,\text{kJ/kg} \times 3\,\text{kg} = 6245\,\text{kJ}$$

(5.13)

(b) 閉じた系の比エクセルギーの本編式(5.17)を用いれば，エクセルギーは次のようになる．

$$E_{\text{closed}} = m \left[(u_1 - u_0) - T_0 (s_1 - s_0) + p_0 (v_1 - v_0) \right]$$

(5.14)

$T_0 = 25\,^\circ\text{C}$ で $p_0 = 1\,\text{atm}$ の水は液体であり，必要な状態量は水の蒸気表（日本機械学会 蒸気表，1999）より得られる．

$$u_0 = 104.83\,\text{kJ/kg}, s_0 = 0.36723\,\text{kJ/(kg·K)}, v_0 = 1.00296 \times 10^{-3}\,\text{m}^3/\text{kg}$$

(5.15)

これら水の状態量は，「流体の熱物性プログラム・パッケージ：PROPATH」

http://www.cc.kyushu-u.ac.jp/scp/system/library/PROPATH/PROPATH.html を利用するのが便利である．本練習問題のように1点の状態量を得るためには，WEB上のシングルショットPROPATH(W-PROPATH)

http://www2.mech.nagasaki-u.ac.jp/PROPATH/ の利用を推奨する．本解答例と一致する状態量を得るためには，

「H2O:Water(IAPWS Industrial Formulation 1997-ITS 1990)」を Substance として選ぶこと．

また，$T_1 = 250\,^\circ\text{C}$ の飽和状態の水（液体）の式(5.14)で必要な状態量は，JSME テキストシリーズ「熱力学」p-179の付表9.1(a)の水の飽和表より

$$u_1 = u' = 1080.71\,\text{kJ/kg}$$
$$s_1 = s' = 2.79339\,\text{kJ/(kg·K)}$$
$$v_1 = v' = 1.25174 \times 10^{-3}\,\text{m}^3/\text{kg}$$

(5.16)

が得られる．蒸気表中に内部エネルギーの記載がない場合は，$u = h - pv$ の関係を使って計算しても問題はない．

式(5.14)に蒸気表から得られた数値を代入すれば

$$E_{\text{closed}} = 2\,\text{kg} \times \left[\begin{array}{l} (1080.71 - 104.83\,\text{kJ/kg}) - 298.15\,\text{K}\,(2.79339 - 0.36723\,\text{kJ/(kg·K)}) \\ + 0.101325 \times 10^6\,\text{Pa}\,(1.25174 \times 10^{-3} - 1.00296 \times 10^{-3}\,\text{m}^3/\text{kg}) \end{array} \right]$$
$$= 555\,\text{kJ}$$

(5.17)

(c) (b)と同様に $p_0 = 20\,\text{MPa}$ の飽和蒸気の状態量はJSME テキストシリーズ「熱力学」p-180の付表9.1(b)の圧力基準の水の飽和表より

$$u_1 = u'' = 2294.22\,\text{kJ/kg}$$
$$s_1 = s'' = 4.9299\,\text{kJ/(kg·K)}$$
$$v_1 = v'' = 5.85828 \times 10^{-3}\,\text{m}^3/\text{kg}$$

(5.18)

同様に必要な数値を式(5.11)に代入して計算すれば以下が得られる．

$$E_{\text{closed}} = 5\,\text{kg} \times \left[\begin{array}{l} (2294.22 - 104.83\,\text{kJ/kg}) - 298.15\,\text{K}\,(4.9299 - 0.36723\,\text{kJ/(kg·K)}) \\ + 0.101325 \times 10^6\,\text{Pa}\,(5.85828 \times 10^{-3} - 1.00296 \times 10^{-3}\,\text{m}^3/\text{kg}) \end{array} \right]$$
$$= 6605\,\text{kJ}$$

(5.19)

【5·4】(a) 周囲状態が $T_0 = 25\,^\circ\text{C}$，$p_0 = 1\,\text{atm} = 101.325\,\text{kPa}$ で非圧縮性物質の比エクセルギーの式（JSME テキストシリーズ「熱力学」p-79,式(ex5.7)）を利用し，さらに $T_1 = 100\,^\circ\text{C}$，$p_1 = 1\,\text{atm} = 101.325\,\text{kPa}$ の水蒸気が凝縮潜熱を放出して同温度・圧力における水に相変化する際の熱のエクセルギー（本編式(5.6)）を加えたものが全エクセルギーとなる．蒸発潜熱を ΔH_{vap} とすれば

$$e_{\text{closed}} = -c(T_0 - T_1) + cT_0 \ln \frac{T_0}{T_1} + \Delta H_{\text{vap}} \left(1 - \frac{T_0}{T_1} \right)$$
$$= -4.19\,\text{kJ/(kg·K)}\,(298.15 - 373.15)$$
$$+ 4.19\,\text{kJ/(kg·K)} \times 298.15\,\text{K} \ln \frac{298.15\,\text{K}}{373.15\,\text{K}} + 2257\,\text{kJ/kg} \left(1 - \frac{298.15\,\text{K}}{373.15\,\text{K}} \right)$$
$$= 488\,\text{kJ/kg}$$

(5.20)

が得られる．

(b) (a)と基本的に同様の考え方でよいが，この場合は $T_1 = 0\,^\circ\text{C}$，$p_1 = 1\,\text{atm}$ の氷を融解させて $0\,^\circ\text{C}$ の水に相変化させるための潜熱 ΔH_{fusion} を冷熱源としたエクセルギーを加えたものが全エクセルギーとなる．

$$e_{\text{closed}} = -c(T_0 - T_1) + cT_0 \ln \frac{T_0}{T_1} + \Delta H_{\text{fusion}} \left(1 - \frac{T_1}{T_0} \right)$$
$$= -4.19\,\text{kJ/(kg·K)}\,(298.15 - 273.15)$$
$$+ 4.19\,\text{kJ/(kg·K)} \times 298.15\,\text{K} \ln \frac{298.15\,\text{K}}{273.15\,\text{K}} + 333\,\text{kJ/kg} \left(1 - \frac{273.15\,\text{K}}{298.15\,\text{K}} \right)$$
$$= 32.6\,\text{kJ/kg}$$

$$\tag{5.21}$$

【5・5】(a) ギブス自由エネルギーの定義式(5.24)（本編）を微分すれば

$$dG = dU + pdV + Vdp - Tds - sdT \tag{5.22}$$

が得られ，上式に内部エネルギーの微分式

$$dU = dQ - dW = TdS - pdV \tag{5.23}$$

を代入すれば，以下の式が得られる．

$$dG = Vdp - sdT \tag{5.24}$$

したがって，温度を一定にした場合の G の変化は次のようになる．

$$\left(\frac{\partial G}{\partial p}\right)_T = V \tag{5.25}$$

有限の圧力変化 $p_1 \to p_2$ におけるギブス自由エネルギー変化を ΔG とすれば

$$\Delta G = G(T, p_2) - G(T, p_1) = \int_{p_1}^{p_2} Vdp \quad @T = \text{const.} \tag{5.26}$$

が得られる．

さらに物質が理想気体とすれば，式(5.23)は次のようになる．

$$\Delta G = \int_{p_1}^{p_2} Vdp = mRT \int_{p_1}^{p_2} \frac{dp}{p} = mRT \ln \frac{p_2}{p_1} \tag{5.27}$$

$p_2 < p_1$ であれば $\Delta G < 0$ となりこの変化は自発的に起き，経験と一致することが確認できる．

(b) 式(5.24)より

$$\left(\frac{\partial G}{\partial T}\right)_p = -S \tag{5.28}$$

が得られる．また，$G = H - TS$ だから，式(5.28)に代入すると

$$\left(\frac{\partial G}{\partial T}\right)_p = -S = \frac{G - H}{T} \tag{5.29}$$

(c) 求めたいのは G/T の温度依存性なので

$$\left(\frac{\partial (G/T)}{\partial T}\right)_p = \frac{T(\partial G/T)_p - G}{T^2} = \frac{(\partial G/T)_p}{T} - \frac{G}{T^2} \tag{5.30}$$

上の式に，式(5.29)を代入すれば

$$\left(\frac{\partial (G/T)}{\partial T}\right)_p = \frac{G - H}{T^2} - \frac{G}{T^2} = -\frac{H}{T^2} = H\left(\frac{\partial (1/T)}{\partial T}\right)_p \tag{5.31}$$

故に

$$\left(\frac{\partial (G/T)}{\partial (1/T)}\right)_p = H \tag{5.32}$$

これが Gibbs-Helmholtz の式である．ギブス自由エネルギーの物

理化学的重要性は認識できても，直接観測できる量ではないので，その変化量を計測容易な状態量で記述するための上記一連の熱力学関係式は，熱力学ポテンシャルを実際に利用するために非常に重要である．

$$\tag{4.31}$$

【5・6】理想気体の比内部エネルギーの式（JSME テキストシリーズ「熱力学」p-34，式(3.59)）より

$$\tag{4.32}$$

$$\Delta u = c_v \Delta T \tag{5.33}$$

等温膨張 $\Delta T = 0$ なので，

$$\tag{4.33}$$

$$\Delta u = 0 \tag{5.34}$$

同様にして，比エンタルピーの式（JSME テキストシリーズ「熱力学」p-34，式(3.59)）より

$$\tag{4.34}$$
$$\Delta h = c_p \Delta T \tag{5.35}$$

等温膨張 $\Delta T = 0$ なので，

$$\Delta h = 0 \tag{5.36}$$

となる．（あるいは $\Delta h = \Delta u + \Delta(pv)$ を用いて，式(5.34)と $pv = \text{const.}$ より $\Delta h = 0$）

比ヘルムホルツ自由エネルギー Δf は，JSME テキストシリーズ「熱力学」p-91の式(6.14)より

$$\Delta f = \Delta u - \Delta(Ts) = -p\Delta v - s\Delta T \tag{5.37}$$

等温変化であるから

$$\left(\frac{\partial f}{\partial v}\right)_T = -p \tag{5.38}$$

したがって，理想気体の等温膨張における Δf は，以下のように求められる．

$$\Delta f = \int_{v_1}^{v_2} \left(\frac{\partial f}{\partial v}\right)_T dv = -\int_{v_1}^{v_2} pdv = -l_{12} \tag{5.39}$$

ここで，単位質量あたりの理想気体の等温膨張による仕事 l_{12} は

$$l_{12} = \int_{v_1}^{v_2} pdv = RT \ln \frac{v_2}{v_1} = 0.286\,\text{kJ/(kg·K)} \times 293.15\,\text{K} \ln \frac{25\,\text{m}^3}{5\,\text{m}^3} = 134.9\,\text{kJ/kg}$$

$$\tag{5.40}$$

と計算されるので，式(5.39)とあわせて

$$\Delta f = -l_{12} = -134.9\,\text{kJ/kg} \tag{5.41}$$

比ギブス自由エネルギー g は，比ヘルムホルツ自由エネルギー f で次のように表すことができる．

$$g = h - Ts = u + pv - Ts = f + pv \tag{5.42}$$

したがって，理想気体の等温膨張場合では

$$\Delta g = \Delta f + \Delta(pv) = \Delta f = -134.9\,\text{kJ/kg} \tag{5.43}$$

そして，比エントロピー変化 Δs は，等温膨張では $q_{12} = l_{12}$ （JSME テキストシリーズ「熱力学」p-35，式(3.69)）であるから

$$\Delta s = \frac{q_{12}}{T} = \frac{l_{12}}{T} = \frac{134.9\,\mathrm{kJ/kg}}{293.15\,\mathrm{K}} = 460\,\mathrm{J/(kg\cdot K)} \qquad (5.44)$$

となる.

【5・7】第1のカテゴリーは，同じ熱輸送量（熱伝導，対流，ふく射すべて考慮した）をできるだけ小さい温度差 $\Delta T = T_H - T_L$ で実現させることが，研究・開発目標である．有限な温度差の伝熱過程によるエントロピー生成は，例4.11より以下の式で表すことができる.

$$\dot{S}_{\mathrm{gen}} = \frac{\dot{Q}}{T_L} - \frac{\dot{Q}}{T_H} = \frac{\dot{Q}}{T_L T_H}(T_H - T_L) = \frac{\dot{Q}}{T_L T_H}\Delta T$$
$$(5.45)$$

熱伝達を向上させることは，式(5.45)において伝熱量 $\dot{Q}$ 一定で，温度差 ΔT を小さくすることと一般化できるので，エントロピー生成 $\dot{S}_{\mathrm{gen}}$ の最小化が目標と考えることができる．また第2のカテゴリーは，式(5.45)において温度差 ΔT を一定に保ち，伝熱量 $\dot{Q}$ を小さくすることと考えることができ，やはりエントロピー生成 $\dot{S}_{\mathrm{gen}}$ の最小化を研究目標として捉えることができる．一般的にどのような系であっても，エクセルギー損失は不可逆過程によるエントロピー生成に比例する.

$$\dot{L}_{\mathrm{lost}} \propto T\dot{S}_{\mathrm{gen}} \qquad (5.46)$$

このギュイ・ストドラの定理（5.5節参照）の視点から，一見多様な熱工学（熱力学や伝熱工学）の目標を統一的に捉えると，「エントロピー生成を最小化させてエクセルギーをできるだけ有効に利用すること」と集約することも可能である.

（参考文献：A. Bejan, "Entropy Generation Through Heat and Fluid Flow", Wiley, New York, 1982）

第6章

【6・1】
$$dp = \left(\frac{\partial p}{\partial v}\right)_T dv + \left(\frac{\partial p}{\partial T}\right)_v dT = \frac{-RT}{v^2}dv + \frac{R}{v}dT = \frac{-p}{v}dv + \frac{p}{T}dT$$

【6・2】理想気体の状態方程式は $pv = RT$，温度の全微分 dT は，独立変数を圧力 p，比体積 v として，

$$dT = \left(\frac{\partial T}{\partial p}\right)_v dp + \left(\frac{\partial T}{\partial v}\right)_p dv = \frac{v}{R}dp + \frac{p}{R}dv$$

ここで，

$$\left(\frac{\partial^2 T}{\partial p\partial v}\right) = \frac{1}{R} \quad \text{および} \quad \left(\frac{\partial^2 T}{\partial v\partial p}\right) = \frac{1}{R} \quad \text{となり,}$$

$$\left(\frac{\partial^2 T}{\partial p\partial v}\right) = \left(\frac{\partial^2 T}{\partial v\partial p}\right) \quad \text{が成立する. よって, 温度 } T \text{ は状態量である.}$$

【6・3】経路により値が変わる量は状態量ではない．高い圧力，小さな体積の状態 A (p_1, v_1) から低い圧力，大きな体積の状態 B(p_2, v_2) まで媒体が膨張するときに外部へ行なう仕事を考える．経路1では，等圧膨張→等積冷却の順に変化する場合，仕事は，

$$\Delta l_1 = p_1\Delta v + (p_1 - \Delta p)\times 0 = p_1\Delta v ,$$

経路2として，等積冷却→等圧膨張の順に変化する場合の仕事は，

$$\Delta l_2 = p_1\times 0 + (p_1 - \Delta p)\Delta v = (p_1 - \Delta p)\Delta v$$

$\Delta h_1 > \Delta h_2$ であり，状態変化の最初と最後が同じでも経路によって仕事の大きさは変わる．よって仕事は状態量ではない.

【別解】仕事 l が状態量であると仮定すると，形式的に仕事の全微分が

$$dl = \left(\frac{\partial l}{\partial v}\right)_p dv + \left(\frac{\partial l}{\partial p}\right)_v dp$$

とかかれる．ここで $dl = pdv$ より，

$$\left(\frac{\partial l}{\partial v}\right)_p = p, \quad \left(\frac{\partial l}{\partial p}\right)_v = 0 ,$$

すなわち，

$$\frac{\partial^2 l}{\partial v\partial p} = 1 \neq \frac{\partial^2 l}{\partial p\partial v} = 0$$

となり，微分操作の順を変えると微分値が異なることになる．これは，仕事が状態変化の順番で異なる値をとることを示し，仕事は状態量ではないことを示している.

【6・4】The equation of circulation for the three variables p, v, and T is

$$\left(\frac{\partial p}{\partial v}\right)_T \left(\frac{\partial v}{\partial T}\right)_p \left(\frac{\partial T}{\partial p}\right)_v = -1 .$$

Each partial derivative is derived as follows using the ideal gas equation of state.

$$\left(\frac{\partial p}{\partial v}\right)_T = \frac{-RT}{v^2}, \quad \left(\frac{\partial v}{\partial T}\right)_p = \frac{R}{p}, \quad \left(\frac{\partial T}{\partial p}\right)_v = \frac{v}{R} .$$

The product of the three derivatives is

練習問題解答

$$\left(\frac{\partial p}{\partial v}\right)_T \left(\frac{\partial v}{\partial T}\right)_p \left(\frac{\partial T}{\partial p}\right)_v = \frac{-RT}{v^2} \times \frac{R}{p} \times \frac{v}{R} = -1$$

Thus, the equation of circulation is established.

【6・5】熱量 q が状態量であれば,

$$\left(\frac{\partial c_v}{\partial v}\right)_T = \left(\frac{\partial p}{\partial T}\right)_v$$

が成立しなければならない．理想気体では,

$$\left(\frac{\partial c_v}{\partial v}\right)_T = 0 , \quad \left(\frac{\partial p}{\partial T}\right)_v = \frac{R}{v} \neq 0$$

より，両者は等しくない．よって，熱量 q は状態量ではない．

【6・6】From the equation of state, $pv = RT$, the derivative of temperature with respect to pressure under isovolumetric conditions is $\left(\frac{\partial T}{\partial p}\right)_v = \frac{v}{R}$. The derivative of pressure with respect to temperature under isovolumetric conditions is $\left(\frac{\partial p}{\partial T}\right)_v = \frac{R}{v}$. Thus, the equation of reciprocity $\left(\frac{\partial T}{\partial p}\right)_v = 1 / \left(\frac{\partial p}{\partial T}\right)_v$ is confirmed.

【6・7】The Gibbs's free energy is defined as $g = h - sT$. The total differential of g is $dg = dh - d(Ts) = dh - Tds - sdT$. From the relations, $dh = du + pdv + vdp$ and $du = Tds - pdv$, $dg = -vdp - sdT$

【6・8】ヘルムホルツ自由エネルギー f は温度 T と体積 v の関数であり，状態量であるには，$\frac{\partial^2 f}{\partial T \partial v} = \frac{\partial^2 f}{\partial v \partial T}$ が必要十分条件である．よって,

$$\frac{\partial^2 f}{\partial T \partial v} = \frac{\partial}{\partial T}\left(\frac{\partial f}{\partial v}\right)_T = \left(\frac{-\partial p}{\partial T}\right)_v , \quad \frac{\partial^2 f}{\partial v \partial T} = \frac{\partial}{\partial v}\left(\frac{\partial f}{\partial T}\right)_v = \left(\frac{-\partial s}{\partial v}\right)_T$$

より,

$$\left(\frac{\partial p}{\partial T}\right)_v = \left(\frac{\partial s}{\partial v}\right)_T$$

が導出される．

同様に，温度 T と圧力 p で記述されたギブス自由エネルギー g が状態量であることから $\frac{\partial^2 g}{\partial p \partial T} = \frac{\partial^2 g}{\partial T \partial p}$ が成立し,

$$\frac{\partial^2 g}{\partial p \partial T} = \frac{\partial}{\partial p}\left(\frac{\partial g}{\partial T}\right)_p = \left(\frac{-\partial s}{\partial p}\right)_T , \quad \frac{\partial^2 g}{\partial T \partial p} = \frac{\partial}{\partial T}\left(\frac{\partial g}{\partial p}\right)_T = \left(\frac{\partial v}{\partial T}\right)_p$$

より,

$$\left(\frac{\partial v}{\partial T}\right)_p = \left(\frac{-\partial s}{\partial p}\right)_T$$

が導出される．

表6.3　自由エネルギー

ヘルムホルツの自由エネルギー
$$f = u - Ts$$
$$df = -pdv - sdT$$

ギブスの自由エネルギー
$$g = h - Ts$$
$$dg = vdp - sdT$$

【6・9】理想気体の等温圧縮率は $\alpha = \frac{-1}{v}\left(\frac{dv}{dp}\right)_T = \frac{1}{p}$．体膨張係数は $\beta = \frac{1}{v}\left(\frac{dv}{dT}\right)_p = \frac{1}{T}$．よって，マイヤーの関係式より,

$$c_p - c_v = \frac{vT\beta^2}{\alpha} = \frac{pvT}{T^2} = R$$

【6・10】The relation between pressure and temperature under isentropic conditions is derived. The total differential of entropy is

$$ds = \left(\frac{ds}{dT}\right)_p dT + \left(\frac{ds}{dp}\right)_T dp = \frac{c_p}{T} dT - \left(\frac{dv}{dT}\right)_p dp .$$

The definition of specific heat at constant pressure ,

$$c_p = \left(\frac{dq}{dT}\right)_p = \left(\frac{dh}{dT}\right)_p = \frac{1}{T}\left(\frac{ds}{dT}\right)_p ,$$

and Maxwell's equation,

$$\left(\frac{ds}{dp}\right)_T = -\left(\frac{dv}{dT}\right)_p$$

are used. From $ds=0$, the relation between temperature and pressure is derived as.

$$\frac{c_p}{T} dT = \left(\frac{dv}{dT}\right)_p dp = v\beta dp ,$$

where, β is the coefficient of volume expansion, $\beta = \frac{1}{v}\left(\frac{dv}{dT}\right)_p$.

The variations in specific volume and temperature is small enough to convert dT and dp to ΔT and Δp. The temperature rise due to the compression process can be estimated as $\Delta T = \frac{Tv\beta}{c_p}\Delta p$.

Substituting $v = 0.001$ m^3/kg, $\beta = 0.257 \times 10^{-3}$/K, $T = 298$ K,

c_p=4.1793 kJ/(kg K), and $\Delta p = 10 \times 10^6$-101.3 $\times 10^3$ Pa, the temperature rise is $\Delta T = 0.18139\cdots$ K.

【6・11】 等温圧縮率 α は，圧力変化 $\mathrm{d}p$ により体積 v が圧縮する割合 $-\mathrm{d}v/v$ であり，温度一定の条件下で定義されるため，

$\alpha = \dfrac{-1}{v}\left(\dfrac{dv}{dp}\right)_T$ となる．

体膨張係数 β は，体積 v が温度変化 $\mathrm{d}T$ により膨張する割合 $\mathrm{d}v/v$ であり，圧力一定条件下で定義されるため，$\beta = \dfrac{1}{v}\left(\dfrac{dv}{dT}\right)_p$ となる．

圧力係数 γ は，温度変化 $\mathrm{d}T$ により圧力 p が増加する割合 $\mathrm{d}p/p$ を示し，等容条件下で定義され，$\gamma = \dfrac{1}{p}\left(\dfrac{dp}{dT}\right)_v$ となる．

【6・12】 From the differential coefficient of the total differential of enthalpy,

$$\mathrm{d}h = c_p \mathrm{d}T + \left\{v - T\left(\frac{\partial v}{\partial T}\right)_p\right\}\mathrm{d}p, \quad \left(\frac{\partial h}{\partial p}\right)_T = v - T\left(\frac{\partial v}{\partial T}\right)_p.$$

From the equation of state of ideal gas

$$pv = RT, \quad \left(\frac{\partial v}{\partial T}\right)_p = \frac{v}{T}.$$

Therefore,

$$\left(\frac{\partial h}{\partial p}\right)_T = v - T\left(\frac{\partial v}{\partial T}\right)_p = 0.$$

In addition, using Maxwell's equation

$$\left(\frac{\partial p}{\partial T}\right)_v = \left(\frac{\partial s}{\partial v}\right)_T$$

and dividing the $\mathrm{d}h = T\mathrm{d}s + v\mathrm{d}p$ by $\mathrm{d}v$ under constant temperature conditions,

$$\left(\frac{\partial h}{\partial v}\right)_T = T\left(\frac{\partial s}{\partial v}\right)_T + v\left(\frac{\partial p}{\partial v}\right)_T = T\left(\frac{\partial p}{\partial T}\right)_v + v\left(\frac{\partial p}{\partial v}\right)_T.$$

From the equation of state of ideal gas,

$$\left(\frac{\partial h}{\partial v}\right)_T = T\left(\frac{\partial p}{\partial T}\right)_v + v\left(\frac{\partial p}{\partial v}\right)_T = T\frac{R}{v} + v\frac{-p}{v} = 0.$$

Thus, the specific enthalpy of the ideal gas is a function of only the temperature, independent of pressure and specific volume.

【6・13】 The variation of enthalpy $\mathrm{d}h$ is expressed by the variations of temperature $\mathrm{d}T$ and pressure $\mathrm{d}p$.

$$\mathrm{d}h = T\mathrm{d}s + v\mathrm{d}p = c_p\mathrm{d}T - T\left(\frac{\partial v}{\partial T}\right)_p \mathrm{d}p + v\mathrm{d}p$$

$$= c_p\mathrm{d}T + \left\{v - T\left(\frac{\partial v}{\partial T}\right)_p\right\}\mathrm{d}p$$

Derive the relation between the temperature and pressure variations under constant enthalpy conditions, $\mathrm{d}h$=0.

$$\mu \equiv \left(\frac{\partial T}{\partial p}\right)_h = \frac{1}{c_p}\left\{T\left(\frac{\partial v}{\partial T}\right)_p - v\right\} = \frac{T^2}{c_p}\left\{\frac{\partial(v/T)}{\partial T}\right\}$$

【6・14】 The general equation of the Joule–Thomson coefficient is

$$\mu \equiv \left(\frac{\partial T}{\partial p}\right)_h = \frac{1}{c_p}\left\{T\left(\frac{\partial v}{\partial T}\right)_p - v\right\}$$

The quantity of the partial derivative of volume with respect to temperature is expressed by the coefficient of thermal expansion β as follows.

$$\left(\frac{\partial v}{\partial T}\right)_p = v\beta$$

Thus, the JT coefficient is expressed as $\mu = \dfrac{v(T\beta - 1)}{c_p}$.

This expression is useful for estimating the JT effect of real gas from known properties.

【6・15】 クラペイロン・クラウジウスの式 $\dfrac{\mathrm{d}p}{\mathrm{d}T} = \dfrac{r}{T(v''-v')}$ において，気液の比体積 v'', v' について $v'' \gg v'$ であり，蒸気が理想気体の状態方程式 $pv = RT$ に従うとすると，$v'' = RT/p$ となり，$\dfrac{\mathrm{d}p}{\mathrm{d}T} = \dfrac{rp}{RT^2}$ となる．

蒸発潜熱 r を一定として積分すると，

$$\ln p = -\frac{r}{R}\frac{1}{T} + C, \quad \text{あるいは} \quad p = C'\exp\left(-\frac{r}{RT}\right)$$

となり，飽和蒸気圧（気液相平衡における圧力と温度の関係）の近似式が得られる．

【6・16】 The increment in the saturated pressure Δp for the increase in temperature from the boiling point is calculated with the Clapeyron-Clausius equation.

$$\Delta p = \frac{r}{T(v''-v')}\Delta T$$

Thus, the saturated vapor pressure at 105°C is approximately

$$p_0 + \Delta p = p_0 + \frac{r}{T(v''-v')}\Delta T$$

$$= 101.3 + \frac{2255}{373.15(1.673 - 0.0010435)} \times 5$$

$$= 119.37 \,[\text{kPa}]$$

【6・17】 ファンデルワールス気体の状態式 $\left(p + \dfrac{a}{v^2}\right)(v - b) = RT$ に従い p–v 線図上に等温線を描くと，臨界点 $\left(p_c = \dfrac{a}{27b^2}, v_c = 3b, T_c = \dfrac{8a}{27bR}\right)$ 以下では，図 6.10 のように，極小点，極大点を持つ右下がりの曲線となる．

臨界点以下では，同じ温度，圧力に対して，液相，気相が平衡して存在でき，両相は等しいギブスエネルギーを持っている．

よって，p–v 線図上の等温線に沿って，ある圧力の点(A)から比体積が増加する方向へギブスエネルギーの変化を調べ，同じ圧力でギブスエネルギーが一致する点(E)を見出すと，始点(A)が飽和液，終点(E)が飽和蒸気を示す点となる．

ここで，ギブスエネルギーの全微分は，

$$dg = dh - d(Ts) = dh - (Tds + sdT)$$

$$= (Tds + vdp) - (Tds + sdT) = vdp - sdT$$

となり，例えば，始点(A)から終点(E)まで等温線（$dT=0$）に沿って，その変化を調べると，

$$\Delta g = g_E - g_A = \int_A^E vdp = 面積\text{ABC} - 面積\text{CDE}$$

となる．$\Delta g = 0$ となる場合に始点と終点はそれぞれ飽和液，飽和蒸気状態を示す．各温度に関して，同様に等温線にそったギブスエネルギー評価を行い，飽和液線，飽和蒸気線を得ることができる．

$$\left\{\begin{aligned}
\Delta z_A &\cong \left(\frac{\partial z}{\partial x}\right)_y \Delta x + \left(\frac{\partial z}{\partial y}\right)_x \Delta y + \frac{\partial^2 z}{\partial x \partial y} \Delta x \Delta y \\
\Delta z_B &\cong \left(\frac{\partial z}{\partial y}\right)_x \Delta y + \left(\frac{\partial z}{\partial x}\right)_y \Delta x + \frac{\partial^2 z}{\partial y \partial x} \Delta x \Delta y \\
&\left(\frac{\partial z}{\partial x}\right)_y \Delta x + \left(\frac{\partial z}{\partial y}\right)_{x + \Delta x} \Delta y + O(2) \\
&= \left(\frac{\partial z}{\partial x}\right)_y \Delta x + \left\{\left(\frac{\partial z}{\partial y}\right)_x + \left\{\frac{\partial}{\partial x}\left(\frac{\partial z}{\partial y}\right)_x\right\}_y\right\} \Delta x \right\} \Delta y + O(2) \\
&= + O(2)
\end{aligned}\right.$$

表6.4 ファンデルワールス気体の状態方程式

$$\left(p + \frac{a}{v^2}\right)(v - b) = RT$$

a, b, R は定数

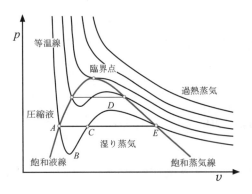

図 6.10 ファンデルワールス気体の飽和線

第7章

【7・1】

$(1)\Delta G^0(p^0) = -394.939 + 2(-219.051) - (-32.741) = -800.3$

$(2)\Delta G^0(p^0) = -155.414 - (-219.051) - (-32.741) = 96.378$

平衡定数は，

$$K = \exp\left(\frac{-\Delta G}{RT}\right) = \frac{rhs}{lhs}$$

であらわされ，

$$(1) = \exp\left(\frac{-(-800.3) \times 1000}{8.315 \times 500}\right) = 3.9786 \times 10^{83}$$

$$(2) = \exp\left(\frac{96.738 \times 1000}{8.315 \times 500}\right) = 8.557 \times 10^{-11}$$

【7・2】 (a) $CH_4 + O_2 \rightarrow 2H_2 + CO_2$

(b) $CH_4 + 0.5O_2 \rightarrow 2H_2 + CO$

(1)

$(a)\Delta G = (-395.886) - (19.492) = -415.378$

$(b)\Delta G = (-200.275) - (19.492) = -219.767$

$$K_p(a) = \exp\left(\frac{415.378}{RT}\right)$$

$$K_p(b) = \exp\left(\frac{219.767}{RT}\right)$$

$$\therefore \frac{\ell_n K_p(a)}{415.378} = \frac{\ell_n K_p(b)}{219.767}$$

(2)

$(a) \Delta V = (1+2) - (1+1) = 1$

$(b) \Delta V = (1+2) - (1+0.5) = 1.5$

$K_p(a) \alpha P^1_{Total}$

$K_p(b) \alpha P^{1.5}_{Total}$

$K_p(b)$ の方が圧力依存性が高い

$$K_p = \frac{\left(\dfrac{2x}{1+x} P_{Total}\right)^2}{\left(\dfrac{1-x}{1+x} P_{Total}\right)}$$

$$= \frac{4x^2}{1-x^2}$$

$$\therefore x = \sqrt{\frac{K_p}{4+K_p}} = 0.995$$

$\therefore$ メタンは99.5%変換される。

【7・3】

$CH_4 \leftrightarrow C + 2H_2$

$500K$:

$\Delta G = (\Delta_f G_c + 2\Delta_f G_{H_2}) - (\Delta_f G_{CH_4}) = 32.741 [kJ/mol]$

$1300K$:

$\Delta G = (\Delta_f G_c + 2\Delta_f G_{H_2}) - (\Delta_f G_{CH_4}) = -74.918 [kJ/mol]$

$K_p(500K) = \exp\left(-\dfrac{\Delta G}{RT}\right)$

$= \exp\left(-\dfrac{32.741 \times 1000}{8.315 \times 500}\right) = 0.00038$

$K_p(1500K) = \exp\left(-\dfrac{\Delta G}{RT}\right)$

$= \exp\left(-\dfrac{-74.918 \times 1000}{8.315 \times 1500}\right) = 406$

平衡　$CH_4 \leftrightarrow C + 2H_2$ において炭素Cは固体であるから、変換された後も0とする。

$$CH_4 \leftrightarrow C + 2H_2$$

反応前	1	0	0
反応後	$1-x$	0	$2x$	$1+x$
モル分率	$\dfrac{1-x}{1+x}$	0	$\dfrac{2x}{1+x}$
分圧	$\dfrac{1-x}{1+x} P_{Total}$	0	$\dfrac{2x}{1+x} P_{Total}$

【7・4】

$C_2H_4 + 1.4 \times 3(O_2 + 3.76N_2)$

$\rightarrow 2CO_2 + 2H_2O + 1.2O_2 + 1.4 \times 3 \times 3.76N_2$

必要空気量 (kmol/ kmol) $1.4 \times 3 = 4.2$ (kmol/ kmol) C_2H_4

燃焼生成物の総量 (kmol/ kmol) $2 + 2 + 1.2 + 1.4 \times 3 \times 3.76$

$= 20.992$ (kmol/ kmol) C_2H_4

CO_2　　$53.724 \times 2 / 755.536 = 0.142$

H_2O　　$42.732 \times 2 / 755.536 = 0.113$

O_2　　$34.784 \times 1.2 / 755.536 = 0.0552$

N_2　　$34.984 \times 15.792 / 755.536 = 0.689$

Total

$53.724 \times 2 + 42.732 \times 2 + 34.784 \times 1.2 + 32.984 \times 15.792 = 755.536$

【7・5】

燃焼ガスの組成を $n_{CO}CO + n_{CO_2}CO_2 + n_{H_2O}H_2O + n_{N_2}N_2$ とし,

$$n_{total} = n_{CO} + n_{CO_2} + n_{H_2O} + n_{N_2} \tag{7.47}$$

とする. 与えられた条件より

$$\frac{n_{CO}}{n_{total}} = 0.0418 \tag{7.48}$$

$$\frac{n_{CO_2}}{n_{total}} = 0.0836 \tag{7.49}$$

$$\frac{n_{H_2O}}{n_{total}} = 0.16715 \tag{7.50}$$

$$\frac{n_{N_2}}{n_{total}} = 0.70706 \tag{7.51}$$

C_3H_8 の H は $n_{H_2O}H_2O$ になる H の保存から $n_{H_2O} = 4$ が得られ, $n_{total} = 4 / 0.16715 = 23.93$ と上式より n_{CO}, n_{CO_2}, n_{N_2} を求めると, $1CO + 2CO_2 + 4H_2O + 16.92N_2$ となる. 空気比を α とすると

$$CH_4 + \alpha \times 5(O_2 + 3.76N_2) = CO + 2CO_2 + 4H_2O + 16.92N_2 \tag{7.52}$$

各元素のモル数が保存されることから，O について，

$$5 \times 2 \times \alpha = 1 + 4 + 4 \qquad (7.53)$$

N について，

$$5 \times 3.76 \times 2 \times \alpha = 16.92 \times 2$$

どちらの式を解いても，空気比 $\alpha = 0.9$ が得られる．ゆえに

当量比 $\phi = 1/\alpha = 1.11$ $\qquad (7.55)$

【7・6】完全燃焼の場合

$$CH_4 + 2(O_2 + 3.76N_2) \rightarrow CO_2 + 2H_2O + 2 \times 3.76N_2$$

空気比 0.9 の場合は，

$$CH_4 + 2 \times 0.9(O_2 + 3.76N_2)$$
$$\rightarrow n_{CO2}CO_2 + n_{H_2O}H_2O + n_{C_2H_2}C_2H_2 + 1.8 \times 3.76N_2$$

保存則から

$$C : 1 = n_{CO_2} + 2n_{C_2H_2}$$
$$H : 4 = 2n_{H_2O} + 2n_{C_2H_2}$$
$$O : 1.8 = 2n_{CO_2} + n_{C_2H_2}$$

これを解いて

$$n_{CO_2} = 0.8667$$
$$n_{H_2O} = 1.9333$$
$$n_{C_2H_2} = 0.0667$$

$$\Delta_r H = \{0.84 \times (-393.522) + 0.08 \times (226.731) + 1.92 \times (-241.826)\}$$
$$\qquad\qquad -(-74.873)$$
$$= -718.6\,kJ/mol$$

【7・7】

$$C_2H_4 + \alpha \times 3(O_2 + 3.76N_2)$$
$$\rightarrow 7x \cdot CO_2 + 3x \cdot CO + 10x \cdot H_2O + \alpha \times 3 \times 3.76N_2$$

保存から

$$C : 2 = 7x + 3x$$
$$H : 4 = 20x$$
$$O : 6\alpha = 2 \times 7x + 3x + 10x$$

これより $x = 0.2, \alpha = 0.9$

完全燃焼する場合は，

$$C_2H_4 + 3(O_2 + 3.76N_2) \rightarrow 2CO_2 + 2H_2O + 3 \times 3.76N_2$$
$$\Delta_r H = 2\Delta_f H^\circ_{CO_2} + 2\Delta_f H^\circ_{H_2O} - \Delta_f H^\circ_{C_2H_4}$$
$$= 2 \times (-393.522) + 2 \times (-241.826) - (52.467)$$
$$= -1323.163\,[kJ/mol]$$

不完全燃焼する場合は，

$$C_2H_4 + 0.9 \times 3(O_2 + 3.76N_2)$$
$$\rightarrow 1.4CO_2 + 0.6CO + 2H_2O + 0.9 \times 3 \times 3.76N_2$$

$$\Delta_r H = 1.4\Delta_f H^\circ_{CO_2} + 0.6\Delta_f H^\circ_{CO} + 2\Delta_f H^\circ_{H_2O} - \Delta_f H^\circ_{C_2H_4}$$

$$= 1.4 \times (-393.522) + 0.6(-110.527) + 2(-241.826) - (52.467)$$
$$= -1153.366\,kJ/mol$$

完全燃焼の方が $-169.797\,kJ/mol$ 大きい．

$$\qquad (7.54)$$

【7・8】

$$C_2H_4 + 0.9 \times 2(O_2 + 3.76N_2) \rightarrow$$
$$n_{CO2}CO_2 + n_{H_2O}H_2O + n_{CO}CO + 1.8 \times 3.76N_2$$

保存から

$$C : 1 = n_{CO_2} + n_{CO}$$
$$H : 4 = 2n_{H_2O}$$
$$O : 3.6 = 2n_{CO_2} + n_{H_2O} + n_{CO}$$
$$\therefore n_{H_2O} = 2, n_{CO_2} = 0.6, n_{CO} = 0.4$$

第 8 章

【8・1】

(a) q_H は 3→4 の等温過程で受けるために $dq = du + pdv$ のうち $du = 0$ であるから $dq = pdv$

また，3→4 では $pv = \text{const} = RT_H$ であるから $p = \dfrac{RT_H}{v}$，よって

$$q_H = RT_H \int_3^4 \frac{dv}{v} = RT_H \ln\left(\frac{v_4}{v_3}\right)$$

(b) (a) と同様に

$$q_L = -RT_H \int_1^2 \frac{dv}{v} = RT_H \ln\left(\frac{v_1}{v_2}\right)$$

(c) 2→3, 4→1 では $pv^\kappa = \text{const}$ であることを用いると，$\dfrac{v_4}{v_3} = \dfrac{v_1}{v_2}$

よって

$$\eta_{th} = \frac{q_H - q_L}{q_H} = 1 - \frac{T_L}{T_H}$$

【8・2】

(a) For the heat input of the Otto cycle, it is a constant volume process. q_H is expressed as follows:

$$q_H = c_v\left(T_3 - T_2\right) = c_v\left(T_4 \cdot \varepsilon_e^{\kappa-1} - T_1 \varepsilon_c^{\kappa-1}\right) = \frac{RT_1}{\varepsilon_c(\kappa-1)}\left(\varepsilon_e^\kappa - \varepsilon_c^\kappa\right)$$

(b) For the heat output, it is a constant pressure process.

$$q_L = c_p\left(T_{4'} - T_1\right) = \frac{\kappa RT_1}{\kappa-1}\left(\frac{\varepsilon_e}{\varepsilon_c} - 1\right)$$

(c) The theoretical thermal efficiency η is expressed as follows:

$$\eta = 1 - \frac{q_L}{q_H} = 1 - \kappa \frac{\varepsilon_e - \varepsilon_c}{\varepsilon_e^\kappa - \varepsilon_c^\kappa}.$$

【8・3】

(a) オットーサイクルの熱効率 η_O は

$$\eta_O = 1 - \frac{1}{\varepsilon^{\kappa-1}}$$

であり，一方，ディーゼルサイクルの熱効率 η_D は，締切比 σ が2，κ が 1.4 であるから

$$\eta_D = 1 - \frac{1}{\varepsilon^{\kappa-1}} \frac{\sigma^\kappa - 1}{\kappa(\sigma-1)} \cong 1 - \frac{1.17}{\varepsilon^{\kappa-1}}$$

となって，η_O の方が大きい．

(b) 圧縮比が 10 のオットーサイクル熱効率 η_O は κ が 1.4 であることから

$$\eta_O = 1 - \frac{1}{\varepsilon_O^{\kappa-1}} = 1 - \frac{1}{10^{\kappa-1}} \cong 0.602$$

となって，このときの最大圧力 p_3 は定積モル比熱 $R_0/(\kappa-1)$ を用いて，

$$p_3 = \left(\frac{(\kappa-1)q_H}{R_0 T_2} + 1\right)p_2 = \left(\frac{(\kappa-1)q_H}{R_0 T_1}\varepsilon_O + \varepsilon_O^\kappa\right)p_1 \cong 4.11\text{MPa}$$

この圧力 p_3 からディーゼルサイクルの圧縮比は以下のように求まる．

$$\varepsilon_D^\kappa = p_3/p_1, \quad \varepsilon_D = 14.2$$

また，T_2 は

$$T_2 = \varepsilon_D^{\kappa-1} T_1$$

となり，これらの値から，ディーゼルサイクルの締切比 σ を求めると

$$\sigma = \frac{v_3}{v_2} = 1 + \frac{(\kappa-1)q_H}{\kappa R_0 T_2} \cong 1.28$$

となるので，このディーゼルサイクルの熱効率は

$$\eta_D = 1 - \frac{1}{\kappa}\frac{\sigma^\kappa - 1}{\varepsilon_D^{\kappa-1}(\sigma-1)} \cong 0.627$$

以上より η_D の方が大きいことがわかる．

【8・4】

(a) The maximum pressure p_2 and T_2 are calculated as follows:

$$p_2 = \varepsilon^\kappa p_1 \cong 8.86\text{MPa}, \quad T_2 = \varepsilon^{\kappa-1} T_1 \cong 1034\text{K}$$

Temperature becomes maximum at point 3, therefore, T_3 is calculated as follow:

$$T_3 = \frac{(\kappa-1)q_H T_1}{\kappa p_1 v_1} + T_2 \cong 1384\text{K}$$

(b) The cutoff ratio is equal to T_3/T_2

$$\sigma = T_3/T_2 \cong 1.34$$

(c) Based on the value of ε and σ, the theoretical thermal efficiency η_D is calculated as follows:

$$\eta_D = 1 - \frac{1}{\kappa}\frac{\sigma^\kappa - 1}{\varepsilon^{\kappa-1}(\sigma-1)} \cong 0.640$$

【8・5】

ブレイトンサイクルの熱効率は，圧力比および比熱比で以下のように計算できる．

$$\eta = 1 - \frac{1}{\gamma^{(\kappa-1)/\kappa}} \cong 0.508$$

ここで，T_H は $T_H = \gamma^{(\kappa-1)/\kappa} T_L$ となるので，これを100K上昇させると，

$$\gamma_n^{(\kappa-1)/\kappa} T_L = \gamma^{(\kappa-1)/\kappa} T_L + 100$$

すなわち，圧力比は $\gamma_n = 20.41$ となる．

よって熱効率は $\eta_n = 1 - \frac{1}{\gamma_n^{(\kappa-1)/\kappa}} \cong 0.578$ となって $\eta_n - \eta = 0.07$ だけ高くなることが分かる．

【8・6】

(a) Temperature becomes the maximum at point 3, therefore, T_3 is calculated as follows:

$$T_3 = (p_2/p_1)T_1$$

The theoretical thermal efficiency η is expressed as follows:

$$\eta = 1 - \frac{q_L}{q_H} = 1 - \frac{c_v(T_3 - T_1)}{c_p(T_3 - T_2)} = 1 - \frac{1 - (p_1/p_2)}{\kappa\{1 - (p_1/p_2)^{1/\kappa}\}}$$

(b) p-v and T-s diagrams are shown as follows:

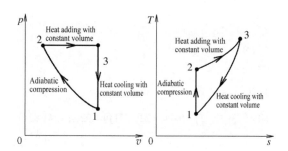

【8・7】

(a) 一定の圧力で体積を変化させるので，仕事 L_{12} および熱量およびエンタルピーの変化量 ΔU, ΔH はそれぞれ以下のようになる．

$$L_{12} = p_1(V_2 - V_1), \qquad \Delta U = \frac{p_1}{\kappa-1}(V_2 - V_1),$$

$$\Delta H = \frac{\kappa p_1}{\kappa-1}(V_2 - V_1)$$

(b) モル数が n_1 のところに T_0 の気体を n_0 だけ押し込むので，圧力 p_2 は以下のように計算される．

$$p_2 = p_1 + \frac{n_0 R_0 T_0}{V_2}$$

さらに，これに基づいて温度 T_2 は以下のように求められる．

$$T_2 = \frac{p_1 V_2}{(n_1 + n_0)R_0} + \frac{n_0}{n_1 + n_0}T_0$$

(c) p_2-V_2 と p_1-V_1 は断熱過程で結ぶことができるので，

$$p_2 = p_1\left(\frac{V_1}{V_2}\right)^\kappa$$

となって，これを(b)で求めた p_2 に代入すると以下のように計算できる．

$$n_0 T_0 = \frac{p_1 V_2}{R_0}\left\{\left(\frac{V_1}{V_2}\right)^{\kappa}-1\right\}$$

また，p–V 線図および T–S 線図を以下に示す．

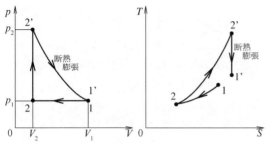

(d) p_2–V_2 と p_1–V_1 とが等温過程で結ぶことができるので，

$$p_2 = p_1 \frac{V_1}{V_2}$$

となって，(c)と同様に

$$n_0 T_0 = \frac{p_1 V_2}{R_0}\left\{\frac{V_1}{V_2}-1\right\}$$

p–V 線図および T–S 線図を以下に示す．

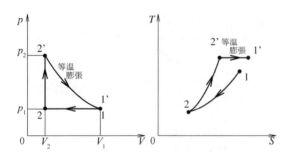

【8・8】

(a) p–V 線図および T–s 線図を以下に示す．

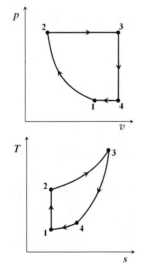

(b) 1→2 は断熱圧縮であるから，圧縮仕事 W および v_2 は以下のように計算される．

$$W = \frac{RT_1}{\kappa-1}\left\{\left(\frac{p_2}{p_1}\right)^{\frac{\kappa-1}{\kappa}}-1\right\}, \quad v_2 = \frac{RT_1}{p_2}\left(\frac{p_2}{p_1}\right)^{\frac{\kappa-1}{\kappa}}$$

(c) 2→3 では定圧加熱であるために，温度は $\dfrac{(\kappa-1)Q}{\kappa R}$ だけ上昇する．すなわち，

$$T_3 = T_2 + \frac{(\kappa-1)Q}{\kappa R}$$

このことから，v_3 を求めると以下の通りである．

$$v_3 = \frac{R}{p_2}\left\{T_2 + \frac{(\kappa-1)Q}{\kappa R}\right\}$$

(d) 3→4 では定容冷却過程であるために，放出される熱量は次の通り計算される．

$$\frac{RT_3}{\kappa-1}\left(1-\frac{p_1}{p_2}\right)$$

(e) 加熱量は Q であり，3→4 および 4→1 における放出熱量を考慮すると，$v_1 = \dfrac{RT_1}{p_1}$ を用いて熱効率は以下のとおりである．

$$\frac{p_2(v_3-v_2)-p_1(v_3-v_1)-W}{Q}$$

【8・9】

This cycle corresponds to the reverse Brayton cycle, therefore, heat output and heat input are calculated as follows:

Heat output: $\dfrac{\kappa R T_0}{\kappa-1}\left(r^{(\kappa-1)/\kappa}-1\right)$

Heat input: $\dfrac{\kappa R T_0}{\kappa-1}\left(1-r^{(1-\kappa)/\kappa}\right)$

Based on these values, COP is calculated as follow:

$$(\text{COP})_r = \frac{Q_{\text{in}}}{Q_{\text{out}}-Q_{\text{in}}} = \frac{1-r^{(1-\kappa)/\kappa}}{r^{(\kappa-1)/\kappa}+r^{(1-\kappa)/\kappa}}$$

第9章

【9.1】 圧力 0.1MPa の飽和乾き水蒸気の比エンタルピーは付表 9.1(b)より，

$h'' = 2675\text{kJ/kg}$ ．混合後の比エンタルピーを h とすると，混合前と混合後のエネルギーの釣り合いから，

$$84 \times 2 + 2675 \times 3 = h \times 5$$

$$h = 1639\text{kJ/kg}$$

圧力 0.1MPa の飽和液の比エンタルピーは付表 9.1(b)より $h' = 417.4\text{kJ/kg}$ ，混合後の乾き度を x とすると，

$h = (1-x)h' + xh''$ より

$$x = \frac{h-h'}{h''-h'} = \frac{1639-417.4}{2675-417.4} = 0.541$$

【9.2】

From the first law of thermodynamics:

$\delta q = dh - vdp$.

For the isobaric process $dp = 0$, then δq is equal to dh . The specific enthalpy of the saturated water at 1 MPa is $h' = 763\text{kJ/kg}$ from the appended Table 9.1(b).

(1) The specific enthalpy of saturated water is after heating is $h = 763 + 1500 = 2263\text{kJ/kg}$. Because the specific enthalpy of saturated dry vapor at 1 MPa is $h'' = 2777\text{kJ/kg}$, from the appended Table 9.1(b), the specific enthalpy of the saturated water after heating is lesser than that of saturated dry vapor. The state of water after heating is wet vapor. By representing the vapor quality as x ,

$$x = \frac{h - h'}{h'' - h'} = \frac{2263 - 763}{2777 - 763} = 0.745 .$$

(2) The specific enthalpy of saturated water after heating is $h = 763 + 2300 = 3063\text{kJ/kg}$, and it is more than that of the saturated dry vapor.. The state of water after heating is superheated vapor. The specific enthalpy of superheated vapor at 1 MPa and, 300°C is $h_{300} = 3052\text{kJ/kg}$, and that at 1 MPa and, 400°C is $h_{400} = 3264\text{kJ/kg}$. The temperature of superheated vapor is obtained as follows:

$$t = 300 + \frac{h - h_{300}}{h_{400} - h_{300}}(400 - 300) = 300 + \frac{3063 - 3052}{3264 - 3052}(400 - 300) = 305$$

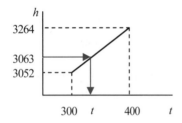

【9.2】 (2) Reference chart

【9.3】 8MPa, 500℃の過熱水蒸気の物性は, $h_0 = 3399\text{kJ/kg}$, $s_0 = 6.726\text{kJ/(kgK)}$. 10kPa の飽和物性は, $h' = 191.8\text{kJ/kg}$, $s' = 0.649\text{kJ/(kgK)}$, $h'' = 2584\text{kJ/kg}$, $s'' = 8.149\text{kJ/(kgK)}$ である.

(1) 膨張後の比エンタルピーを h_1 , 乾き度を x_1 とすると, 可逆断熱膨張ではエントロピーが保存されるので, $s_1 = s_0$.

$s_1 = s_0 = (1 - x_1)s' + x_1 s''$ より

$$x_1 = \frac{s_0 - s'}{s'' - s'} = \frac{6.726 - 0.649}{8.149 - 0.649} = 0.8103$$

$h_1 = (1 - x_1)h' + x_1 h''$

$\quad = (1 - 0.8103) \times 192 + 0.8103 \times 2584$

$\quad = 2130\text{k J/ kg}$

とりだす仕事は, 3399-2130＝1269kJ/kg. 乾き度0.810

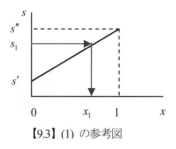

【9.3】 (1) の参考図

(2) 膨張後の比エンタルピーを h_2 , 乾き度を x_2 とすると, タービンの断熱効率は $\eta_T = \dfrac{h_0 - h_2}{h_0 - h_1}$ より,

$$h_2 = h_0 - \eta_T(h_0 - h_1) = 3399 - 0.90 \times (3399 - 2130) = 2257\text{kJ/kg}$$

$$x_2 = \frac{h_2 - h'}{h'' - h'} = \frac{2257 - 192}{2584 - 192} = 0.863$$

とりだす仕事は, 3399-2257＝1142kJ/kg. 乾き度0.863

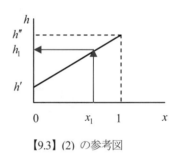

【9.3】 (2) の参考図

【9.4】
From the appended Table 9.1(b), the specific volume of the saturated water at 5.0 kPa is $v_1 = 0.00101\text{m}^3 / \text{kg}$. From Eq.(9.8), the pump work is

$l_{12} = v_1(p_2 - p_1)$
$\qquad = 0.00101 \times (10 \times 10^6 - 5.0 \times 10^3) \times 10^{-3} = 10.1\text{kJ/ kg}$

The turbine work is

$l_{34} = h_3 - h_4 = 2725 - 1711 = 1014\text{ kJ/kg}$.

The theoretical thermal efficiency is obtained from Eq.(9.7) as

$$\eta = \frac{l_{34} - l_{12}}{h_3 - h_2} = \frac{1014 - 10.1}{2725 - (137.8 + 10.1)} = 0.390 .$$

Because the pump work is only 1% of that of the turbine work, the pump wok is negligible.

【9.5】 ポンプ出口点を 2', タービン出口点を 4' と表記する.

$$l'_{12} = h_{2'} - h_1 = \frac{h_2 - h_1}{\eta_P}$$

$$l'_{34} = h_3 - h_{4'} = \eta_T (h_3 - h_4)$$

理論熱効率は

$$\eta_{th} = \frac{l'_{34} - l'_{12}}{q'_{23}}$$

$$= \frac{(h_3 - h_{4'}) + (h_{2'} - h_1)}{(h_3 - h_{2'})}$$

$$= \frac{\eta_T (h_3 - h_4) - \dfrac{h_2 - h_1}{\eta_P}}{h_3 - h_1 - \dfrac{h_2 - h_1}{\eta_P}}$$

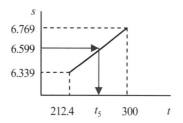

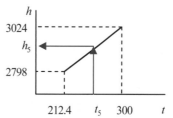

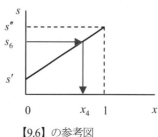

【9.6】 高圧タービン入口の比エントロピーは $s_3 = 6.599\text{kJ/(kgK)}$. 高圧タービン出口のエントロピーは入口と等しい．その蒸気は 2MPa の過熱水蒸気である．付表 9.1(b) より 2MPa の飽和乾き水蒸気： $t_{sat} = 212.4℃$ ， $s''_{2MPa} = 6.339\text{kJ/(kgK)}$, $h''_{2MPa} = 2798\text{kJ/kg}$ ，付表9.2 より 2MPa, 300℃の過熱水蒸気： $s_{300} = 6.769\text{kJ/(kgK)}$, $h_{300} = 3024\text{kJ/kg}$. 左図の比例関係から，高圧タービン出口状態を求める．

$$t_5 = t_{sat} + \frac{s_3 - s''_{2MPa}}{s_{300} - s''_{2MPa}}(300 - t_{sat})$$

$$= 212.4 + \frac{6.599 - 6.339}{6.769 - 6.339}(300 - 212.4)$$

$$= 265.4℃$$

$$h_5 = h''_{2MPa} + \frac{t_5 - t_{sat}}{300 - t_{sat}}(h_{300} - h''_{2MPa})$$

$$= 2798 + \frac{265.4 - 212.4}{300 - 212.4}(3024 - 2798)$$

$$= 2935\,\text{kJ/kg}$$

再熱器出口（2MPa, 500℃）： $h_6 = 3468\text{kJ/kg}$, $s_6 = 7.434\text{kJ/(kgK)}$

$$x_4 = \frac{s_6 - s'}{s'' - s'} = \frac{7.434 - 0.4763}{8.394 - 0.4763} = 0.8788$$

$$h_4 = (1 - x_4)h' + x_4 h''$$

$$= (1 - 0.8788) \times 137.8 + 0.8788 \times 2561$$

$$= 2267\,\text{kJ/kg}$$

$$\eta_{th} = \frac{(h_3 - h_5) + (h_6 - h_4)}{(h_3 - h_1) + (h_6 - h_5)}$$

$$= \frac{(3375 - 2935) + (3468 - 2267)}{(3375 - 137.8) + (3468 - 2935)}$$

$$= 0.435$$

【9.7】

The specific enthalpy and entropy of saturated dry steam at 200°C is $h_3 = 2792\text{kJ/kg}$ and, $s_3 = 6.430\text{kJ/(kgK)}$, respectively.

The specific enthalpy and entropy of saturated water and dry steam at 40°C is $h' = 167.5\text{kJ/kg}$, $s' = 0.5724\text{kJ/(kgK)}$, $h'' = 2574\text{kJ/kg}$, and $s'' = 8.256\text{kJ/(kgK)}$, respectively. Assuming reversible adiabatic expansion, the vapor quality and enthalpy at the exit of the turbine are calculated as

$$x_4 = \frac{s_3 - s'}{s'' - s'} = \frac{6.430 - 0.5724}{8.256 - 0.5724} = 0.7624 ,$$

$$h_4 = (1 - x_4)h' + x_4 h''$$

$$= (1 - 0.7624) \times 167.2 + 0.7624 \times 2574$$

$$= 2002\,\text{kJ/kg} .$$

By setting the turbine efficiency at 0.80, the turbine work per unit mass flow rate is calculated as

$$\eta_T (h_3 - h_4) = 0.80 \times (2792 - 2002) = 632\text{kJ/kg} .$$

The required steam flow rate is $200000 \div 632 = 31.6\,\text{kg/s}$.

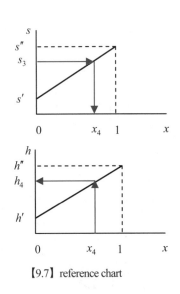

【9.7】 reference chart

【9.8】

The specific enthalpy and entropy of superheated steam at 5 MPa and 400°C is $h_3 = 3197\text{kJ/kg}$ and, $s_3 = 6.648\text{kJ/(kgK)}$ respectively.

The specific enthalpy and entropy of saturated water and dry steam at 5 kPa is $h' = 137.8\text{kJ/kg}$, $s' = 0.4763\text{kJ/(kgK)}$, $h'' = 2561\text{kJ/kg}$, and $s'' = 8.394\text{kJ/(kgK)}$, respectively. Assuming reversible adiabatic expansion, the vapor quality and enthalpy at the exit of the turbine are calculated as

$$x_4 = \frac{s_3 - s'}{s'' - s'} = \frac{6.648 - 0.4763}{8.394 - 0.4763} = 0.7795,$$

$$h_4 = (1 - x_4)h' + x_4 h''$$
$$= (1 - 0.7795) \times 137.2 + 0.7795 \times 2561$$
$$= 2027\text{kJ/kg}.$$

By setting the turbine efficiency at 0.85, the thermal efficiency is calculated as

$$\eta = \frac{\eta_T (h_3 - h_4)}{h_3 - h_1} = \frac{0.85(3197 - 2027)}{3197 - 137.8} = 0.325.$$

【9.9】 (1) 15MPa, 600℃の過熱水蒸気：$h_3 = 3583\text{kJ/kg}$, $s_3 = 6.680\text{kJ/(kgK)}$

付表 9.1(b) より 1MPa の飽和乾き水蒸気：$t_{sat} = 180℃$, $s''_{1\text{MPa}} = 6.585\text{kJ/(kgK)}$, $h''_{1\text{MPa}} = 2777\text{kJ/kg}$, 付表 9.2 より 1MPa, 200℃の過熱水蒸気：$s_{200} = 6.696\text{kJ/(kgK)}$, $h_{200} = 2828\text{kJ/kg}$. 右図の比例関係から，第 1 段抽気の状態を求める．

$$t_5 = t_{sat} + \frac{s_3 - s''_{1\text{MPa}}}{s_{200} - s''_{1\text{MPa}}}(200 - t_{sat})$$

$$= 180 + \frac{6.680 - 6.585}{6.696 - 6.585}(200 - 180)$$
$$= 197.1℃$$

$$h_5 = h''_{1\text{MPa}} + \frac{t_5 - t_{sat}}{200 - t_{sat}}(h_{200} - h''_{1\text{MPa}})$$

$$= 2777 + \frac{197.1 - 180}{200 - 180}(2828 - 2777)$$
$$= 2821\text{kJ/kg}$$

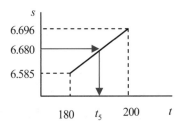

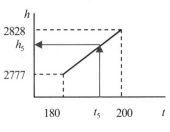

【9.9】 (1) の参考図

(2) 給水加熱器出口は 1MPa の飽和液に等しい．
$h_6 = 762.7\text{kJ/kg}$, $h_1 = 137.8\text{kJ/kg}$
給水加熱器のエネルギーバランス式(9.18)より

$$m = \frac{h_6 - h_1}{h_5 - h_1} = \frac{762.7 - 137.8}{2821 - 137.8} = 0.2329$$

(3) $x_4 = 0.7835$, $h_4 = 2036\text{kJ/kg}$ （導出は省略）

$$\eta = \frac{h_3 - h_5 + (1 - m)(h_5 - h_4)}{h_3 - h_6}$$

$$= \frac{3583 - 2821 + (1 - 0.2329)(2821 - 2036)}{3583 - 762.7}$$
$$= 0.484$$

【9.10】 (1) 第 1 段抽気：付表 9.1(b)より 2MPa の飽和乾き水蒸気：$t_{sat} = 212.4℃$, $s''_{2\text{MPa}} = 6.339\text{kJ/(kgK)}$, $h''_{2\text{MPa}} = 2798\text{kJ/kg}$, 付表9.2より 2MPa, 300℃の過熱水蒸気：$s_{300} = 6.769\text{kJ/(kgK)}$, $h_{300} = 3024\text{kJ/kg}$. 右図の比例関係から，第 1 段抽気蒸気の状態を求める．

$$t_5 = t_{sat} + \frac{s_3 - s''_{2\text{MPa}}}{s_{300} - s''_{2\text{MPa}}}(300 - t_{sat})$$

$$= 212.4 + \frac{6.680 - 6.339}{6.769 - 6.339}(300 - 212.4)$$

$$= 281.9℃$$

$$h_5 = h''_{2\text{MPa}} + \frac{t_5 - t_{sat}}{300 - t_{sat}}(h_{300} - h''_{2\text{MPa}})$$

$$= 2798 + \frac{281.9 - 212.4}{300 - 212.4}(3024 - 2798)$$

$$= 2977\,\text{kJ/kg}$$

$$h_7 = 908.6\text{kJ/kg}$$

第 2 段抽気：0.20MPa の飽和物性：$h' = 504.7\text{kJ/kg}$，$s' = 1.530\text{kJ/(kgK)}$，$h'' = 2706\text{kJ/kg}$，$s'' = 7.127\text{kJ/(kgK)}$．

$$x_6 = \frac{s_3 - s'}{s'' - s'} = \frac{6.680 - 1.530}{7.127 - 1.530} = 0.9201$$

$$h_6 = (1 - x_6)h' + x_6 h''$$

$$= (1 - 0.9201) \times 504.7 + 0.9201 \times 2706$$

$$= 2530\,\text{kJ/kg}$$

$$m_2 = \frac{h_8 - h_1}{h_6 - h_8} = \frac{504.7 - 137.8}{2530 - 504.7} = 0.1812$$

$$m_1 = \frac{h_7 - h_8}{h_5 - h_7} = \frac{908.6 - 504.7}{2977 - 908.6} = 0.1953$$

(2) $x_4 = 0.7835$，$h_4 = 2036\text{kJ/kg}$（導出は省略）

$$\eta = \frac{h_3 - h_5 + (1 - m_1)(h_5 - h_6) + (1 - m_1 - m_2)(h_6 - h_4)}{h_3 - h_7}$$

$$= \frac{3583 - 2977 + (1 - 0.1953)(2977 - 2530) + (1 - 0.1953 - 0.1812)(2530 - 2036)}{3583 - 908.6}$$

$$= 0.476$$

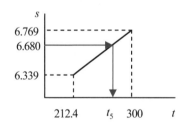

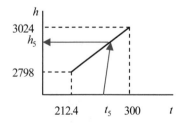

【9.10】 (1) の参考図

第 10 章

【10.1】 (1) 式(10.6)より

$$\varepsilon_R = \frac{T_C}{T_H - T_C} = \frac{293}{313 - 293} = 14.7$$

(2) 付図 10.1 を用いて各点の物性を読み取る．

$h_1 = 410\text{kJ/kg}$，$s_1 = 1.718\text{kJ/kgK}$

$h_2 = 421\text{kJ/kg}$，$h_3 = h_4 = 256\text{kJ/kg}$

式(10.12)から，

$$\varepsilon_R = \frac{h_2 - h_4}{h_2 - h_1} = \frac{410 - 256}{421 - 410} = 14.0$$

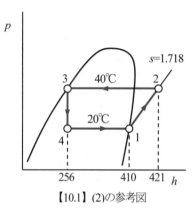

【10.1】 (2)の参考図

(3) 熱交換器性能から凝縮温度と蒸発温度を求めると，

凝縮温度：40+10=50℃，蒸発温度：20-10=10℃

付図 10.1 を用いて各点の物性を読み取る．h_2を圧縮機が可逆断熱変化すると仮定したときの出口エンタルピーとすると

$h_1 = 404\text{kJ/kg}$，$s_1 = 1.722\text{kJ/kgK}$

$h_{2'} = 426\text{kJ/kg}$，$h_3 = h_4 = 271\text{kJ/kg}$

圧縮機の断熱効率の定義式（10.14）より，圧縮機出口エンタルピーh_2は

$$h_2 = \frac{h_{2'} - h_2}{\eta_{comp}} + h_1 = \frac{426 - 404}{0.8} + 404 = 432\,\text{kJ/kg}$$

以上から，

$$\varepsilon_R = \frac{404 - 271}{432 - 404} = 4.75$$

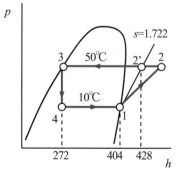

【10.1】 (3)の参考図

【10.2】 (1) From Eq. (10.7),

$$\varepsilon_H = \frac{T_H}{T_H - T_C} = \frac{313}{313 - 293} = 10.4$$

(2) From the properties of the each points from the appended Fig. 10.1,

$$h_1 = 404 \text{ kJ/kg}, s_1 = 1.722 \text{ kJ/kgK},$$

$$h_2 = 421 \text{ kJ/kg}, h_3 = h_4 = 256 \text{ kJ/kg}.$$

From Eq. (10.13),

$$\varepsilon_H = \frac{h_2 - h_4}{h_2 - h_1} = \frac{421 - 256}{421 - 404} = 9.71.$$

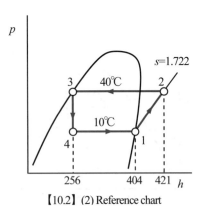

【10.2】 (2) Reference chart

(3) The condensation and evaporation temperatures are

40 ＋ 10 ＝ 50 °C and, 10– 1 0 = 0 °C, respectively.

From the properties of the points from the appended Fig. 10.1,

$$h_1 = 399 \text{ kJ/kg}, s_1 = 1.727 \text{ kJ/kgK},$$

$$h_{2'} = 427 \text{ kJ/kg}, h_3 = h_4 = 271 \text{ kJ/kg},$$

where h_2 is the enthalpy at the end of the reversible adiabatic compression.

The enthalpy h_2 at the exit of the compressor is obtained from the equation of the compressor efficiency definition (10.14).

$$h_2 = \frac{h_{2'} - h_2}{\eta_{comp}} + h_1 = \frac{427 - 399}{0.8} + 399 = 434 \text{ kJ/kg}$$

From Eq. (10.13),

$$\varepsilon_H = \frac{434 - 271}{434 - 399} = 4.66$$

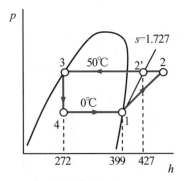

【10.2】 (3) Reference chart

【10.3】 状態点 3 （$T_3 = 293 \text{K}$, $P_3 = 0.3 \text{MPa}$ ）から可逆断熱

膨張すると考え

$$T_4 = T_3 \left(\frac{P_4}{P_3} \right)^{\frac{\kappa-1}{\kappa}} = 293 \left(\frac{0.10}{0.30} \right)^{\frac{1.4-1}{1.4}} = 214 \text{ K}$$

動作係数は式(10.20)より

$$\varepsilon_R = \frac{T_4}{T_2 - T_4} = \frac{214}{293 - 214} = 2.71$$

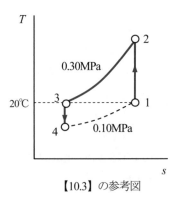

【10.3】 の参考図

【10.4】 Assuming that the air is an ideal gas, the adiabatic efficiencies of the compressor and turbine are defined as

$$\eta_{comp} = \frac{h_{2'} - h_1}{h_2 - h_1} = \frac{T_{2'} - T_1}{T_2 - T_1},$$

$$\eta_{turb} = \frac{h_3 - h_4}{h_2 - h_{4'}} = \frac{T_3 - T_4}{T_2 - T_{4'}}.$$

By representing the ending point of the reversible adiabatic compression as 2′, the temperature at point 2′ is expressed as a function of the pressure ratio and heat capacity ratio:

$$T_{2'} = T_3 \left(\frac{P_2}{P_1} \right)^{\frac{\kappa-1}{\kappa}} = 293 \left(\frac{0.30}{0.10} \right)^{\frac{1.4-1}{1.4}} = 401 \text{ K}.$$

The actual temperature at the exit of the compressor is calculated usng the compressor efficiency.

$$T_2 = \frac{T_{2'} - T_1}{\eta_{comp}} + T_1 = \frac{401 - 293}{0.85} + 293 = 420 \text{ K}.$$

The temperature T_4 at the exit of the turbine is obtained in a similar manner:

$$T_{4'} = T_3 \left(\frac{P_4}{P_3} \right)^{\frac{\kappa-1}{\kappa}} = 293 \left(\frac{0.10}{0.30} \right)^{\frac{1.4-1}{1.4}} = 214 \text{ K},$$

$$T_4 = T_3 - (T_3 - T_{4'})\eta_{turb}$$
$$= 293 - (293 - 214) \times 0.80 = 230 \text{ K}.$$

The COP is calculated as

$$\varepsilon_R = \frac{T_1 - T_4}{(T_2 - T_1) - (T_3 - T_4)}$$

$$= \frac{293-230}{(420-293)-(293-230)} = 0.98$$

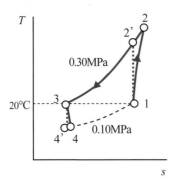

【10.4】 Reference chart

【10.5】 状態①は 280K の飽和乾き蒸気なので，

$$h_1 = 426\,\text{kJ/kg}, \quad s_1 = 1.805\,\text{kJ/kgK}$$

状態②は $P_2 = 10\,\text{MPa}$ で $s_2 = s_1 = 1.805\,\text{kJ/kgK}$ である点なので，超臨界圧物性表から，

$$h_2 = \frac{1.805-1.759}{1.821-1.759} \times (465-443) + 443 = 459\,\text{kJ/kg}$$

状態③は $P_3 = 10\,\text{MPa}$ で $T_3 = 310\,\text{K}$ である点なので，超臨界圧物性表から，$h_3 = h_4 = 297\,\text{kJ/kg}$

$$\varepsilon_H = \frac{h_2-h_3}{h_2-h_1} = \frac{459-297}{459-426} = 4.91$$

【10.6】 (1) 凝縮器の凝縮温度が 40℃ より付図 10.1 から，$h_3 = h_7 = 256\,\text{kJ/kg}$.

0.30MPa の飽和物性より，$h_8 = h_4 = 201\,\text{kJ/kg}$，$h_9 = 399\,\text{kJ/kg}$

ガス流量比： $m_G = \frac{h_7-h_8}{h_9-h_8} = \frac{256-201}{399-201} = 0.278$

(2) 蒸発器の蒸発温度が −30℃ より，$h_1 = 380\,\text{kJ/kg}$，$s_1 = 1.752\,\text{kJ/kgK}$

低圧圧縮機を可逆断熱変化とすると，$s_{5'} = s_1 = 1.752\,\text{kJ/kgK}$ より，$h_{5'} = 406\,\text{kJ/kg}$，低圧圧縮機出口エンタルピーは断熱効率を考慮すると，

$$h_5 = \frac{h_{5'}-h_1}{\eta_{comp}} + h_1 = \frac{406-380}{0.7} + 380 = 417\,\text{kJ/kg}$$

h_9 のガス m_G と h_5 のガス $(1-m_G)$ が混合して h_6 になるので，

$$h_6 = m_G h_9 + (1-m_G)h_5$$
$$= 0.278 \times 399 + (1-0.278) \times 417 = 412\,\text{kJ/kg}$$

エントロピーを付図 10.1 から読むと，$s_6 = 1.773\,\text{kJ/kgK}$

(3) 高圧圧縮機を可逆断熱変化とすると，$s_{2'} = s_6 = 1.773\,\text{kJ/kgK}$ より，$h_{2'} = 439\,\text{kJ/kg}$，高圧圧縮機出口エンタルピーは断熱効率を考慮すると，

$$h_2 = \frac{h_{2'}-h_6}{\eta_{comp}} + h_6 = \frac{439-412}{0.7} + 412 = 451\,\text{kJ/kg}$$

$$\varepsilon_R = \frac{(1-m_G)(h_1-h_4)}{(1-m_G)(h_5-h_1)+(h_2-h_6)}$$

$$= \frac{(1-0.278)(380-201)}{(1-0.278)(417-380)+(451-412)} = 1.97$$

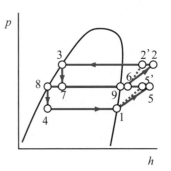

【10.6】 の参考図

【10.7】 (1) 乾球温度 20℃，相対湿度 60% の湿り空気の物性は
$$v_1 = 0.842\,\text{m}^3/\text{kg}, \quad h_1 = 42.4\,\text{kJ/kg}, \quad x_1 = 8.77\,\text{g/kg}'$$
乾球温度 30℃，$x_2 = x_1 = 8.77\,\text{g/kg}'$ の物性は $h_2 = 52.6\,\text{kJ/kg}$ と読めるので，体積流量を $\dot{w}$ とすると，

$$\dot{q} = \frac{\dot{w}(h_2-h_1)}{v_1} = \frac{0.1}{0.842} \times (52.6-42.4) = 1.21\,\text{kW}$$

(2) 乾球温度 20℃，相対湿度 60% の湿り空気の露点は 12℃ なので，空気中の水蒸気は凝縮しない．乾球温度 14℃，$x_3 = x_1 = 8.77\,\text{g/kg}'$ の物性は $h_3 = 36.2\,\text{kJ/kg}$ であるから

$$\dot{q} = \frac{\dot{w}(h_1-h_3)}{v_1} = \frac{0.1}{0.842} \times (42.4-36.2) = 0.74\,\text{kW}$$

(3) 10℃ まで冷却すると凝縮する．乾球温度 10℃ の飽和湿り空気の物性は付表 10.1 から $h_4 = 29.4\,\text{kJ/kg}$ より，

$$\dot{q} = \frac{\dot{w}(h_2-h_4)}{v_1} = \frac{0.1}{0.842} \times (42.4-29.4) = 0.74\,\text{kW}$$

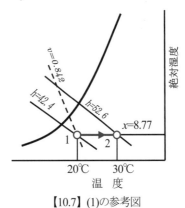

【10.7】 (1) の参考図

【10.8】 The specific volumes of air A and B are read from the appended Fig 10.2:

$$v_1 = 0.888\,\mathrm{m^3/kg}\ ,\ \ v_2 = 0.858\,\mathrm{m^3/kg}$$

The mass flow rates of air A and B are

$$m_1 = \frac{10000}{0.888 \times 3600} = 3.13\,\mathrm{kg/s}$$

$$m_2 = \frac{20000}{0.858 \times 3600} = 6.48\,\mathrm{kg/s}\ .$$

As shown in the reference chart, the mixed air C is located on the line between air A and B. The temperature of the mixed air C is calculated from the flow rate of air A and B.

$$t_3 = \frac{3.13}{3.13 + 6.48}(30 - 25) + 25 = 26.6\ \ ^\circ\mathrm{C}.$$

From the appended Fig. 10.2, the relative humidity is 62%.

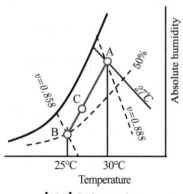

【10.8】 Reference data

$$4 = 0.4 \times 1.0 \times (25 - t)\ .$$

The temperature of the supplied air is $t = 15.0$ °C.

The balance of moisture generation and removal is given as follows:

$$\frac{0.5 \times 1000}{3600} = 0.4 \times (9.23 - x)\ .$$

The absolute humidity of the supplied air is $x = 8.88\,\mathrm{g/kg'}$.

【10.9】 (1) 比体積一定なので，質量流量比と体積流量比は等しい．

$$t_3 = \frac{3000}{3000 + 5000}(33 - 25) + 25 = 28\,^\circ\mathrm{C}$$

$$h_3 = \frac{3000}{3000 + 5000}(88 - 50) + 50 = 64\,\mathrm{kJ/kg}$$

(2) 外気導入による冷却熱負荷とは外気②を室内状態①にまで冷却する熱量

$$\dot{q} = \frac{3000}{0.36 \times 3600} \times (88 - 50) = 36.8\,\mathrm{kW}$$

(3) 空気調和設備の冷却熱負荷とは混合空気③を④にまで冷却する熱量

$$\dot{q} = \frac{3000}{0.36 \times 3600} \times (64 - 35) = 74.9\,\mathrm{kW}$$

【10.10】

The room air and supplied air are exchanged at a rate of 0.4 kg'/s. The supplied air should be cooler and drier than the room air. The balance of heat generation and cooling is written as

Subject Index

索引

140

JSME テキストシリーズ
演習　熱力学

JSME Textbook Series
Problems in
Thermodynamics

2012年11月30日　初　版　発　行	著作兼　一般社団法人　日本機械学会
2023年3月13日　初版第4刷発行	発行者
2023年7月18日　第2版第1刷発行	（代表理事会長　伊藤　宏幸）

印刷者　栁　瀬　充　孝
昭和情報プロセス株式会社
東京都港区三田 5-14-3

発行所　東京都新宿区新小川町4番1号
　　　　KDX 飯田橋スクエア2階
　　　　郵便振替口座　00130-1-19018番
　　　　電話 (03) 4335-7610　FAX (03) 4335-7618　https://www.jsme.or.jp

一般社団法人　日本機械学会

発売所　東京都千代田区神田神保町2-17
　　　　神田神保町ビル
　　　　電話 (03) 3512-3256　FAX (03) 3512-3270

丸善出版株式会社

ISBN 978-4-88898-348-8　C 3353

本書の内容でお気づきの点は　textseries@jsme.or.jp　へお知らせください。出版後に判明した誤植等は
http://shop.jsme.or.jp/html/page5.html　に掲載いたします。

長さの単位換算

m	mm	ft	in
1	1000	3.280840	39.37008
10^{-3}	1	3.280840×10^{-3}	3.937008×10^{-2}
0.3048	304.8	1	12
0.0254	25.4	1/12	1

面積の単位換算

m^2	cm^2	ft^2	in^2
1	10^4	10.76391	1550.003
10^{-4}	1	1.076391×10^{-3}	0.1550003
9.290304×10^{-2}	929.0304	1	144
6.4516×10^{-4}	6.4516	1/144	1

体積の単位換算

m^3	cm^3	ft^3	in^3	リットル L	備　　考
1	10^6	35.31467	6.102374×10^4	1000	英ガロン：
10^{-6}	1	3.531467×10^{-5}	6.102374×10^{-2}	10^{-3}	$1\ m^3 = 219.9692\ gal(UK)$
2.831685×10^{-2}	2.831685×10^4	1	1728	28.31685	米ガロン：
1.638706×10^{-5}	16.38706	1/1728	1	1.638706×10^{-2}	$1\ m^3 = 264.1720gal(US)$
10^{-3}	10^3	3.531467×10^{-2}	61. 02374	1	

速度の単位換算

m/s	km/h	ft/s	mile/h
1	3.6	3.280840	2.236936
1/3.6	1	0.911344	0.6213712
0.3048	1.09728	1	0.6818182
0.44704	1.609344	1.466667	1

力の単位換算

N	dyn	kgf	lbf
1	10^5	0.1019716	0.2248089
10^{-5}	1	1.019716×10^{-6}	2.248089×10^{-6}
9.80665	9.80665×10^5	1	2.204622
4.448222	4.448222×10^5	0.4535924	1

圧力の単位換算

Pa ($N\cdot m^{-2}$)	bar	atm	Torr (mmHg)	$kgf\cdot cm^{-2}$	psi ($lbf\cdot in^{-2}$)
1	10^{-5}	9.86923×10^{-6}	7.50062×10^{-3}	1.01972×10^{-5}	1.45038×10^{-4}
10^5	1	0.986923	750.062	1.01972	14.5038
1.01325×10^5	1.01325	1	760	1.03323	14.6960
133.322	1.33322×10^{-3}	1.31579×10^{-3}	1	1.35951×10^{-3}	1.93368×10^{-2}
9.80665×10^4	0.980665	0.967841	735.559	1	14.2234
6.89475×10^3	6.89475×10^{-2}	6.80459×10^{-2}	51.7149	7.03069×10^{-2}	1